JN298477

シェールガス・オイルの輝ける未来

幾島賢治〈著〉

シーエムシー出版

まえがき

　シェールガス・オイルとは頁岩（英語でシェール）と呼ばれる固い岩層に含まれる天然ガスと原油で，5億3,000万年前のカンブリアの生命の爆発と呼ばれる生物界の激変で，地球上の生物が泥および粘土で固まった頁岩に化石として閉じ込められたものである。

　カンブリアの生命の爆発以前には数十種類ほどだった生物の種類が，この時代に図1のように一気に一万種類近くまで達し，現在の生物の基本形と言えるものがほとんど出そろった。まさにこの時代は地球で起きた生命の大爆発であり，次なる進化を求めて生物が一斉に誕生した瞬間である。

　カンブリアの生命の爆発から5億3,000万年の時を経て，今，人類

図1　カンブリアの生命の爆発
勝山郷土研究会のHP

は頁岩に含まれたシェールガス・オイルで次なる人類の進化の恩恵を受けることになった。奇縁なことにカンブリアの爆発となったバージェス頁岩は米国の考古学者チャールズ・ドリトル・ウォルコットがカナダのロッキー山脈で発見し，今回のシェールガス・オイル革命も同じ北米が発振源である。

　1998年ごろまでは図2のように頁岩からシェールガス・オイルを生産することは困難であったが，米国の20数年にわたるエネルギー開発の努力の賜物で，水平掘削技術が開発され数千メートルの水平井戸を掘削することが可能となり，さらにこの水平井戸に水圧破砕技術で網目状経路を掘削することが可能となった。この2つの新掘削技術に米国のお家芸であるコンピュータ技術を融合させて完成させたモンスターの新掘削技術で，米国では2005年ごろから多量に廉価なシェールガス・オイルがエネルギー市場に彗星のごとく登場してきた。

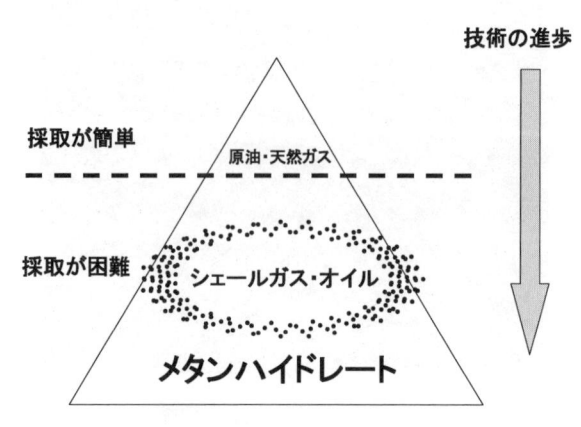

図2　採取技術の進歩がもたらすエネルギー変貌

米国が発振源となったシェール革命の嵐が世界のエネルギー市場を席巻しはじめており，米国内ではシェールガス・オイルの生産量が飛躍的に拡大し，天然ガス価格が大幅に低下したことで米国経済は上昇基調にあり，世界のエネルギー事情に激変が出始めている。

　また，石油化学の原料となる天然ガス価格の低下により世界の石油化学産業に影響が出始め，米国では原料価格の低下で石油化学の新規の大型装置の建設ラッシュである。日本の石油化学産業はシェールガス・オイルを視野に入れたグローバル戦略を加速的に進めることで，日本らしい石化コンビナートの再構築が求められている。

　2011年3月11日の福島第一原子力発電所事故で，日本のほとんどの原子力発電所が停止し，火力発電所が主体で発電しているため，燃料として天然ガスおよび原油を高値で購入しているのが現状であり，有望な発電用燃料として廉価なシェールガス・オイルが大きな期待を集めている。

　40年にわたり世界のエネルギー人から多くのことを学んだ石油人として，今，世界で吹き荒れているシェール革命の嵐は世界の資源地図を大きく変える可能性を秘めた魅力あるエネルギーであると確信できる。

　世界のエネルギーは19世紀が石炭，20世紀が石油，21世紀はシェールガス・オイルに激変。

2013年4月末日

著　者

目　次

まえがき

第1章　シェールガス・オイルとは ……………………1
  1　はじめに …………………………………………1
  2　シェールガス ……………………………………3
  3　シェールオイル …………………………………10

第2章　シェールガス・オイルの復権 …………………17
  1　19世紀の開発状況 ………………………………17
  2　20世紀の開発状況 ………………………………18
  3　21世紀の開発状況 ………………………………25
    3.1　米国の現状 …………………………………27
    3.2　日本の現状 …………………………………30
    3.3　諸外国の現状 ………………………………32

第3章　シェールガス・オイルを表舞台に出した新技術 …………37
  1　はじめに …………………………………………37
  2　水平掘削 …………………………………………38
  3　水圧破砕 …………………………………………40
  4　現場の新採掘技術 ………………………………42
  5　環境保全対策 ……………………………………43
    5.1　環境問題への対応 …………………………43

I

5.2　日本の環境対策技術 …………………………………45
　6　生産技術は米国3社で独占 ………………………………51

第4章　世界のエネルギー地図を大変貌させるシェールガス・オイル …………………………………………………………55
　1　はじめに ……………………………………………………55
　2　石油エネルギーの動向 ……………………………………55
　　2.1　世界の石油エネルギー ………………………………57
　　2.2　日本の石油エネルギー ………………………………64
　　2.3　シェールオイルの石油エネルギーへの影響 ………66
　3　天然ガスエネルギーの動向 ………………………………69
　　3.1　世界の天然ガスエネルギー …………………………69
　　3.2　日本の天然ガスエネルギー …………………………74
　　3.3　シェールガスの天然ガスエネルギーへの影響 ……75
　4　原子力エネルギーの動向 …………………………………76
　　4.1　世界の原子力エネルギー ……………………………77
　　4.2　日本の原子力エネルギー ……………………………81
　　4.3　シェールガス・オイルの原子力エネルギーへの影響 ……83

第5章　世界の石油化学業界を大変革させるシェールガス・オイル …………………………………………………………87
　1　石油化学基礎製品の動向 …………………………………87
　　1.1　世界の石油化学基礎製品 ……………………………89
　　1.2　日本の石油化学基礎製品 ……………………………92
　　1.3　シェールガスの石油化学基礎製品への影響 ………92

2　合成燃料の動向 ……………………………………………94
　　2.1　GTL（F-T油）……………………………………………94
　　　2.1.1　世界のGTL ……………………………………………94
　　　2.1.2　日本のGTL …………………………………………102
　　　2.1.3　シェールガス・オイルのGTLへの影響 …………104
　　2.2　DME（ジメチルエーテル）……………………………104
　　　2.2.1　世界のDME …………………………………………104
　　　2.2.2　日本のDME …………………………………………105
　　　2.2.3　シェールガス・オイルのDMEへの影響 …………105
　　2.3　メタノール ………………………………………………105
　　　2.3.1　世界のメタノール …………………………………106
　　　2.3.2　日本のメタノール …………………………………106
　　　2.3.3　シェールガス・オイルのメタノールへの影響 ……107

第6章　シェールガス・オイルで日本は躍動する ………109
　1　はじめに ………………………………………………………109
　2　環境に優しい国 ………………………………………………110
　　2.1　日本型の未来都市 ………………………………………111
　　2.2　未来社会を拓く燃料電池 ………………………………114
　3　シェールガス・オイル革命で日本の産業界を活性化 ………118
　　3.1　生産領域 …………………………………………………119
　　3.2　流通領域 …………………………………………………120
　　3.3　消費領域 …………………………………………………120
　4　メタンハイドレートの火付け役 ……………………………122

第 7 章　シェールガス・オイルの輝ける未来 …………… 125
  1　はじめに ………………………………………………… 125
  2　掘削技術 ………………………………………………… 126
  3　シェールガス・オイルの未来 ………………………… 127
    3.1　エネルギー分野 ………………………………… 127
    3.2　原料分野 ………………………………………… 128
    3.3　日本の産業界を活性化 ………………………… 130
  4　まとめ …………………………………………………… 131

あとがき
参考文献

第1章 シェールガス・オイルとは

1 はじめに

　シェールガス・オイルは頁岩（けつがん）から生産される天然ガスと原油であるが，従来の天然ガスと原油は砂岩から生産されていたので，生産する場所が異なるだけで全く新しいエネルギーを人類が手にした訳ではない。

　シェールガス・オイルは，図1のように海や湖で繁殖したプランクトンや藻等の生物体の死骸が土砂とともに水底に堆積して化石化し，その化石化した死骸が地殻の熱，圧力等の作用を受けて板状にうすくはがれやすい頁岩の中で数億年の年月を経て熟成された地球の財産で

図1　シェールガス・オイルの起源
　　　石油情報センターのHP

第 1 章　シェールガス・オイルとは

図 2　頁岩の概観
石油資源開発㈱資料

ある（図 2）。まるで長年熟成された高級ワインのごとき代物である。

　現在，生産されている天然ガスおよび原油は，図 3 のように頁岩から地下の圧力で地表へと浸透し，油を通さない岩層で遮られた背斜トラップに貯留している。貯留の状態は水が沼や湖のように貯まっている状態ではなく，頁岩の隙間に貯留している状態で流動性は少ない。

　天然ガス，および原油はこの背斜トラップから生産されており，生産可能期間（寿命）は背斜トラップに貯留されている量から推定されている。

　地質学的には天然ガスおよび原油は頁岩に含まれており，この量を 100 とすると頁岩から 20 が周りの地層ににじみだして，にじみだした 20 のうち 2 が背斜トラップに天然ガスおよび原油として貯留されている。したがって，80 の天然ガスおよび原油は，未だ頁岩に残存された状態にある。

　頁岩に残存している量の多さだけでも驚きであるが，モンスターの新掘削技術開発のおかげで，廉価で多量にシェールガス・オイルが生産

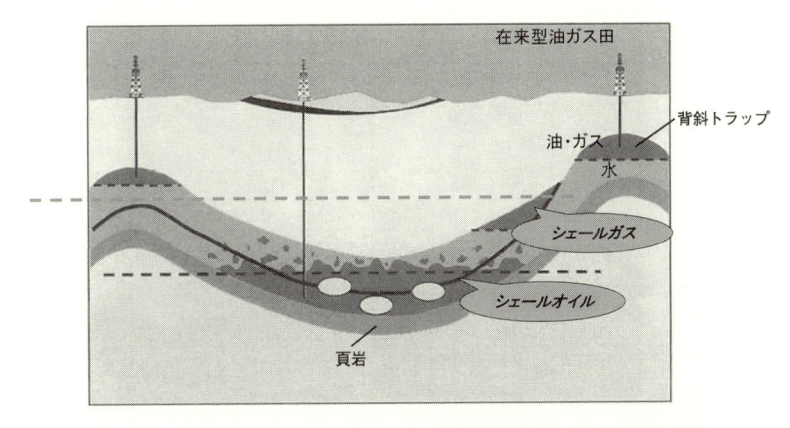

図3 頁岩からの石油（シェールガス・オイル）に移動
石油資源開発㈱のHP

できることは2回目の驚きである。1粒で2度おいしいの心境である。

2 シェールガス

　生産地域別のシェールガスの性状を表1に示す。地域別に眺めると構成分子の含有量は少しずつ異なるが，全体を眺めるとメタンが主体であることが分かる。表の左の地域別の平均値をみるとメタンが94％含有されており，残りの多くは二酸化炭素である。
　一方，米国の天然ガスの性状はメタンが96％であり，シェールガスの性状は天然ガスの性状に非常に似通った性状であることが分かる。
　メタンとは図4のように，CH_4で1個の炭素原子に4個の水素原子が結合した分子である。
　埋蔵地域は図5に示すように全米にまたがっており，①カナダのブ

第 1 章　シェールガス・オイルとは

表 1　シェールガスの性状（米国エネルギー省資料）

Component (Volume %)	U.S. Mean Value	Shale Gases (major components, before processing)								
		site 1	site 2	site 3	site 4	site 5	site 6	site 7	site 8	site 9
Methane	94.3	79.4	82.1	83.8	95.5	95.0	80.3	81.2	91.8	93.7
Ethane	2.7	16.1	14.0	12.0	3.0	0.1	8.1	11.8	4.4	2.6
Propane	0.6	4.0	3.5	3.0	1.0	0.0	2.3	5.2	0.4	0.0
Butane	0.2									
Pentane	0.2									
Carbon Dioxide	0.5	0.1	0.1	0.9	0.3	4.8	1.4	0.3	2.3	2.7
Nitrogen	1.5	0.4	0.3	0.3	0.2	0.1	7.9	1.5	1.1	1.0
Total Inerts ($CO_2 + N_2$)	2.0	0.5	0.4	1.2	0.5	4.9	9.3	1.8	3.4	3.7
TOTAL	100.0	100.0	100.0	100.0	100.0	100.0	100.0	100.0	100.0	100.0
HHV (BTU/SCF)	1,035	1,188	1,165	1,134	1,043	961	1,012	1,160	1,015	992
Specific Gravity	0.592	0.675	0.660	0.653	0.583	0.601	0.663	0.672	0.607	0.598
Wobbe Number (BTU/SCF)	1,345	1,445	1,435	1,404	1,366	1,239	1,243	1,415	1,303	1,284

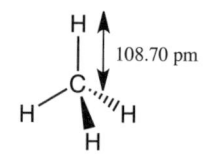

図 4　メタン分子の構造

リティシュコロンビア州のゴルドバ地区，②ノースダコタ州のバッケン，③コロラド州のナイオブララ地区，④ペンシルベニア州のマーセラス地区，⑤テキサス州のバーネット地区，⑥テキサス州のヘインズビル地区，⑦テキサス州のイーグルフォード地区，⑧テキサス州のバーミアン地区，⑨カリフォルニア州のモントレー地区がある。

　中でもシェールラッシュに沸き，全米で最もホットな地区は米北部

2 シェールガス

図5 シェールガス・オイルの埋蔵地域
米国エネルギー省資料

　ノースダコタ州にあるウィリストンである（図6）。ウィリストン近郊の米国西部の乗換地として有名なコロラド州デンバー空港にはシェールガス・オイルの研究に有名なコロラド鉱山大学の垂れ幕がある。このことでもデンバーはシェールガスのメッカであることが分かる。
　ウィリストンはバッケン油田の石油の町として知られており，1950年代に石油の生産がはじまり，その後，生産量は減ったものの，今回は1848年，ゴールドラッシュ（図7）に匹敵するシェールラッシュのおかげで，全米はおろか，世界から労働者が集まり，ウィリストンでは失業率が3％を切っている。作業員は全米から集まり，図8のようなマンキャンプと呼ばれる居住地域で生活して，12時間交代勤務

5

第 1 章　シェールガス・オイルとは

図 6　ウィリストンの採掘現場

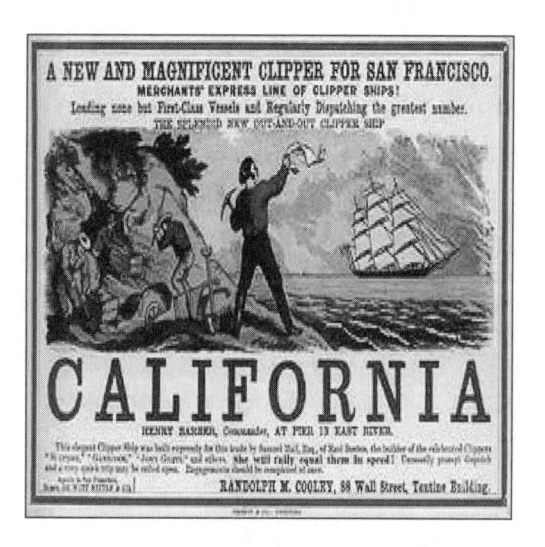

図 7　ゴールドラッシュのポスター
Wikipedia

2 シェールガス

図8 シェールオイル・ガスの
　　採取現場の居住区
　　日本放送協会の HP

で，年収1,000万円との噂も流れている。

　シェールガスの埋蔵量は生産が始まったばかりであり，精度の高い埋蔵量の調査はこれからであるが，米国エネルギー省は図9に示す埋蔵量を発表している。中国が最も多く，約1,300兆立方フィートであり，次が米国の約900兆立方フィートである。アルゼンチン，メキシコと続いているが，原油，天然ガスの中東諸国の埋蔵量が把握されていないのは，まだ，埋蔵量の調査が進んでいないためと思われる。原油，天然ガスが生産された地域には，地質学的には原油，天然ガスが含まれている頁岩が存在しており，それから推論するとシェールガスが埋蔵されていることは明らかである。

　最近の可採推定年数（寿命）ではシェールガスは図10のように60

第 1 章　シェールガス・オイルとは

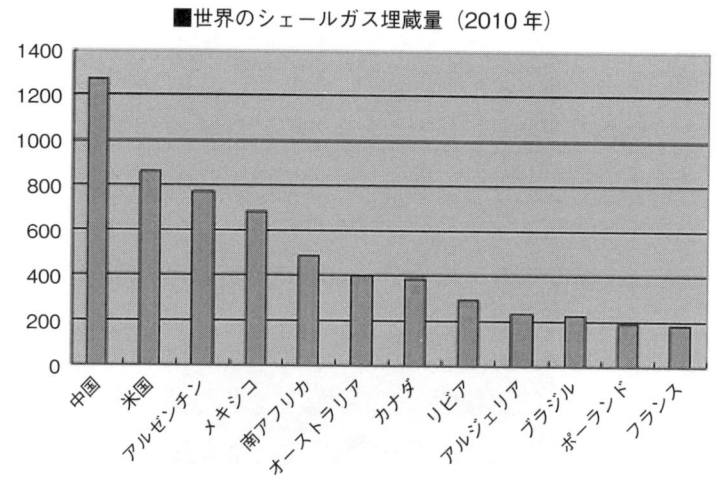

■世界のシェールガス埋蔵量（2010 年）

（注）単位は兆立方フィート。技術的に採掘可能な埋蔵量
（出所）米国エネルギー省エネルギー情報局（EIA）

図 9　シェールガスの埋蔵量
米国エネルギー省資料

年と推定されていたが，急に 40 年増加されて 100 年と推定されている。当面は天然ガスが枯渇することはなさそうである。

市場ではシェールガスは天然ガスとして販売されるので天然ガスの価格の推移を眺めてみると，図 11 のように天然ガス価格は，1990 年には 2 ドル / 百万 BTU 台（BTU は英国熱量単位）であったが，その後，右肩上がりで上昇して 2005 年には 10 ドル / 百万 BTU 台のピーク価格を示し，2010 年には 4 ドル / 百万 BTU 台まで下がっている。

現在は緩やかな上昇傾向にある。この急激な価格減少の要因として，米国のシェールガス生産量は，2000 年から 2006 年の間は年率平均 17 ％の伸びであったが，2006 年から 2011 年の間では年率平均

2 シェールガス

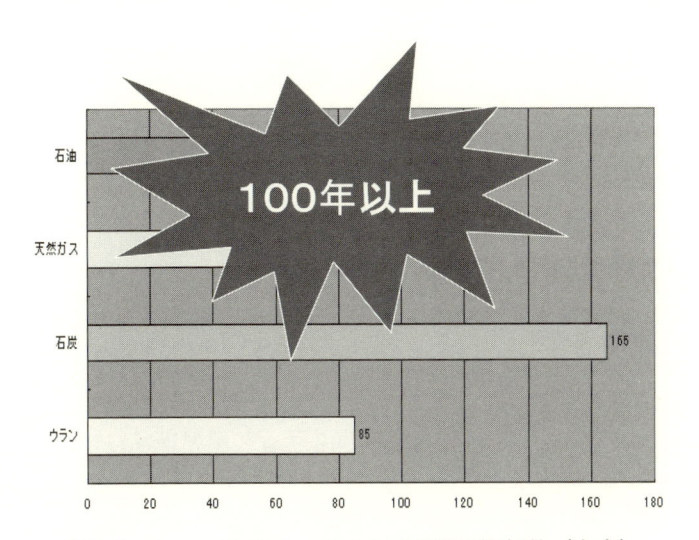

図10 シェールガス・オイルの可採可能年数（寿命）
筆者加筆

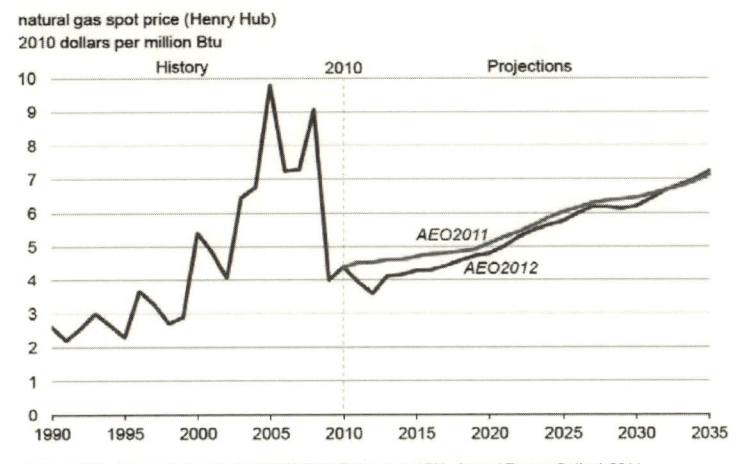

図11 シェールガス価格の推移

48％と急激に伸びたことであり，市場に急激に多量のシェールガスが出現したことで価格が暴落している。今後は2020年には5ドル／百万BTU台，2030年には6ドル／百万BTU台と予想されている。

3　シェールオイル

　原油は採れる産油国によって物理的性状や化学的性状が大きく異なるため，生産された産地名によって原油の油種を区別している。

　原油を大別すると表2のようにパラフィン系原油は灯油，軽油，重油，潤滑油は良質であるが，ガソリンはオクタン価が低く品質は劣り，ミナス（インドネシア），大慶（中国）などが代表的な油種である。

　ナフテン系原油はガソリンのオクタン価が高く良質であるが，灯油，軽油，潤滑油の品質は劣り，ウエスト・テキサス・インターミディエート原油／略：WTI原油（米国）が代表的な油種である。米国のシェールオイルは米国の原油と非常に似通った性状である。

　混合系原油はパラフィン系原油とナフテン系原油の中間でガソリン，灯油，軽油，潤滑油は良質である。アラビアン・ライト（サウジアラビア）やカフジ（サウジアラビア，およびクウェートの中立地帯）が代表的な油種である。

表2　産地別の原油性状

原油の種類	品質	産油国
パラフィン系	灯油・軽油　＞　ガソリン	中国・インドネシア
混合系	灯油・軽油　＝　ガソリン	中東諸国
ナフテン系	ガソリン　＞　灯油・軽油	米国・メキシコ

これら原油はシェールガスのように1個のメタン分子から構成されているのと異なり，100種類以上の分子から構成されている。ガソリンの成分数は100種を超え，灯油，軽油，および重油の成分は飛躍的に増加するので，個々の化合物の確認が著しく困難である。そのため，原油に含まれる分子はパラフィン系，オレフィン系，ナフテン系，および芳香族系に大別される。

　これら4タイプの分子について説明するが，読者の多くの方が分子のお話は多分お好きでないかと思うので，ここではシェールオイルを構成している分子のイメージをつかむ程度の説明をする。

　まずは図12のようにシェールオイルのすべての分子は炭素と水素で構成されている。

(1) パラフィン系分子

　分子式 C_nH_{2n+2} の鎖状化合物で，分枝のないノルマルパラフィンと枝分かれしたイソパラフィンがある。炭素数5のパラフィンを (a) および (b) に示す。

(2) オレフィン系分子

　二重結合を有する鎖状化合物で，二重結合が1個の場合は C_nH_{2n} の一般式で示される。炭素数5のオレフィンを (c) に示す。

(3) ナフテン系分子

　分子中にナフテン環を含む化合物で，C_nH_{2n} の一般式で示す。炭素数5個のシクロペンタン (d) および炭素数6個のシクロヘキサン (e) を示す。シェールオイルはナフテン系原油であり，この分子を多く含んでいる。

(4) 芳香族系分子

　芳香族環を含む化合物で，ベンゼンが最も基本となる芳香族化合物

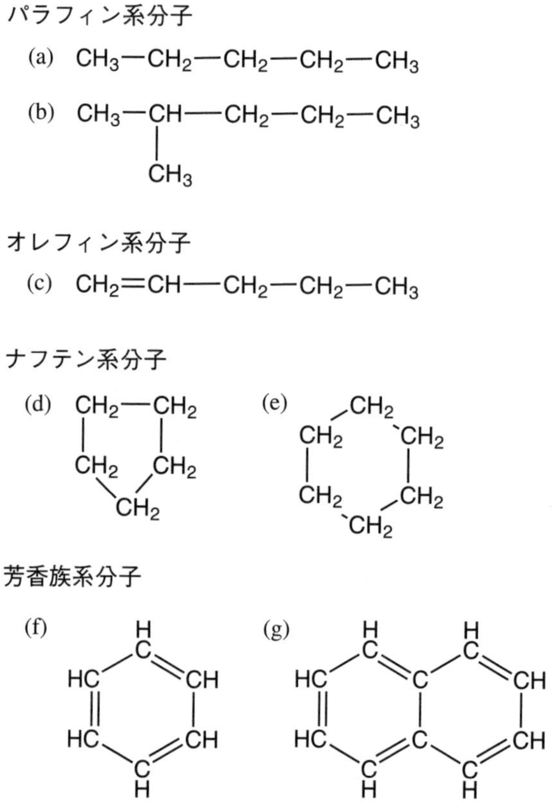

パラフィン系分子

(a) CH₃—CH₂—CH₂—CH₂—CH₃

(b) CH₃—CH—CH₂—CH₂—CH₃
          |
          CH₃

オレフィン系分子

(c) CH₂=CH—CH₂—CH₂—CH₃

ナフテン系分子

(d) シクロペンタン構造

(e) シクロヘキサン構造

芳香族系分子

(f) ベンゼン

(g) ナフタレン

図12　シェールオイルの分子

である。(f) ベンゼンおよび (g) ナフタレンを示す。

　シェールオイルは米国で生産されるナフテン系原油に分類され，その性状を表3に示す。比重は0.82（API比重40），硫黄分が0.3％と同じ値であり，さらに，シェールオイルから製造される製品はLPG

3 シェールオイル

が3％，ナフサが25％，灯油が10％，軽油が28％，重油が34％である。

表3 シェールオイルとWTI原油の比較

	シェールオイル	WTI原油
比重	0.82	0.82
硫黄分（％）	0.3	0.3
得率（％）		
LPG	3	3
ナフサ	25	26
灯油	10	7
軽油	28	29
重油	34	35

　一方，米国原油のWTIから製造される製品はLPGが3％，ナフサが26％，灯油が7％，軽油が29％，重油が35％であり，シェールオイルとWTI原油とは非常に似通っていることが分かる。

　埋蔵地域はシェールガスの図5と同様に全米にまたがっており，①カナダのブリティシュコロンビア州のゴルドバ地区，②ノースダコダ州のバッケン，③コロラド州のナイオブララ地区，④ペンシルベニア州のマーセラス地区，⑤テキサス州のバーネット地区，⑥テキサス州のヘインズビル地区，⑦テキサス州のイーグルフォード地区，⑧テキサス州のパーミアン地区，⑨カリフォルニア州のモントレー地区である。

　すなわち，シェールガスもシェールオイルも全く同じ地域から生産される。図13のように，地中温度で100℃ぐらいではシェールガスとして生産され，130℃ぐらいではシェールオイルとして生産される。

　シェールオイルの埋蔵量の調査はシェールガスの埋蔵量調査のよう

第 1 章 シェールガス・オイルとは

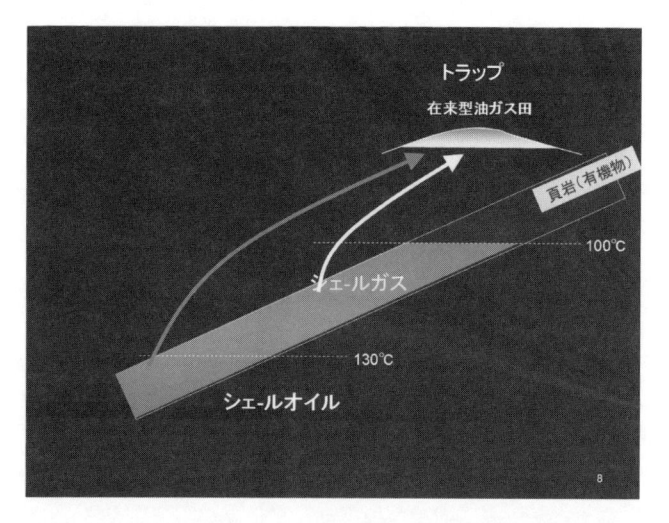

図 13 頁岩からのシェールガス・オイルの地表への移動

にまだ調査ができていないのが現状であるが，米ノースダコタ州のバッケンのシェールオイルの埋蔵量は 4,000 億バレルと推定されている．サウジアラビアの原油埋蔵量は 2,646 億バレルであるから，その量の膨大さに驚くほかはない．

　中東諸国では埋蔵量の調査が進んでいないため，埋蔵量が公表されていないが，原油，天然ガスが生産された地域には地質学的には頁岩が存在しており，それから推論するとシェールオイルが膨大に埋蔵されていることは明らかである．

　図 10 の可採推定年数（寿命）では原油は 40 年と推定されていたのが，急に 60 年増加されて 100 年と推定されている．当面は原油が枯渇することはなさそうである．

　市場ではシェールオイルは原油として販売されるので図 14 に示す

3 シェールオイル

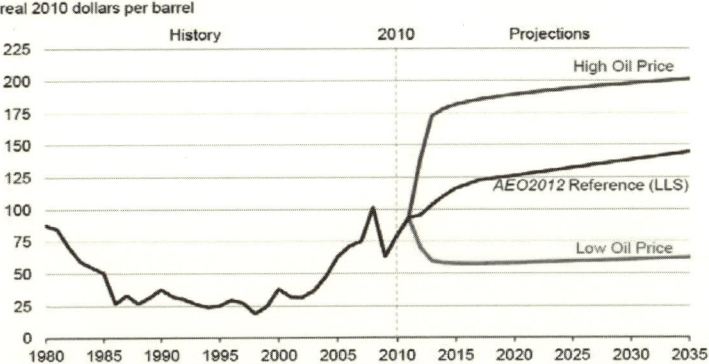

図14 シェールガス価格の推移

　原油価格の推移を眺めてみると，原油価格は，1990年には30ドル/バレル台であったが，その後，右肩上がりで上昇して2005年には60ドル/バレル台の価格を示した。2010年には70ドル/バレル台まで上昇している。現在は緩やかな上昇傾向にある。今後の価格の推移は2020年には60ドル/バレル台，2030年も60ドル/バレル台で，高価格では2020年には180ドル/バレル台，2030年には200ドル/バレル台と予想されている。

第2章 シェールガス・オイルの復権

1　19世紀の開発状況

　頁岩からのガス，オイルの生産は1838年にフランス，1848年にスコットランドで開始され，19世紀後半には欧州の国々に広まった。生産方法は頁岩を砕き，空気を断ったまま約800℃で粉砕した頁岩を加熱してガス，オイル，および固形残渣を生産する乾留法であった。生産されたオイルは夜間の照明用の灯油としての用途が主体であり，教会・修道院などの公共施設，また各家庭で使用される程度であった。

　当時は照明用には鯨の油（鯨油）が使用されていたが，1853年にポーランドのイグナッツィ・ウカシェヴィッチが図1の灯油用ランプ

図1　灯油ランプの原型

第2章 シェールガス・オイルの復権

を発明したことで，欧米では1860年ごろには灯油ランプはあっという間に普及した。そのため，鯨油の需要は急激になくなっていき，捕鯨は衰退していった。

このように，19世紀前半には頁岩からの乾留法でのガス，オイルの生産は，20世紀の石油産業の黄金期の先駆者としてフランス，英国で行われていたが，やがて米国で原油が採掘され，廉価な石油時代になると使用されなくなった。

2　20世紀の開発状況

20世紀に，石油の代替品として，頁岩の乾留法のガス，オイルが再び注目されて，復権の兆しが見えてきた。

(1) 旧満州国（現在の中華人民共和国）

20世紀になってから旧南満州鉄道㈱（以下満鉄）が図2に示す中華人民共和国の東北地区の撫順炭鉱で，工業的に頁岩からガス，オイ

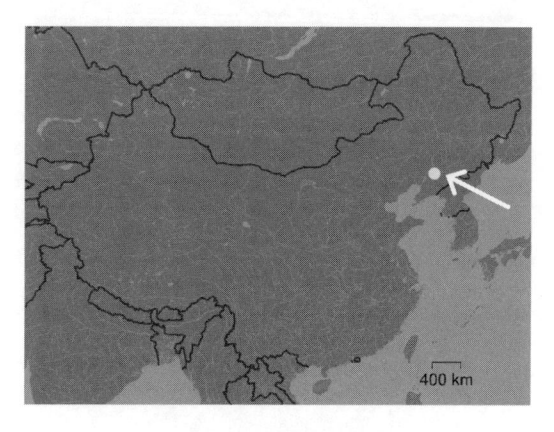

図2　撫順炭田の位置

ルの生産を開始した。

　撫順炭田は，石炭層のすぐ上に頁岩があり，図3のように石炭の露天掘りに伴い，必然的に頁岩を採掘する必要があり，頁岩は採炭に伴う副産物であった。

　満鉄は日露戦争後の1906年に設立され，1945年の第二次世界大戦の終結まで満州国に存在した日本の特殊会社である（図4）。鉄道事

図3　撫順炭鉱の露天掘
JOGMECのHP

図4　南満州鉄道㈱の本社
JOGMECのHP

第2章　シェールガス・オイルの復権

業が母体であったが，きわめて広範囲にわたる事業を展開し，エネルギーの主体である石油に関する研究は中央試験所が中心となって実施し，世界の最先端の研究が行われていた。

　1909年には撫順炭鉱で頁岩を発見し，19年にわたる研究開発を行い，ドイツ，スコットランドの研究所で詳細分析を実施して，1930年に図5のように事業化に成功した。戦前の1940年ごろには約10,000バレル／日のガス，オイルを生産し，ガソリン，軽油，重油等を製造して日本海軍などに納入していた。

　戦後に中国が引き継いだ後，1960年頃には約17,000バレル／日のオイルを生産した実績があり，現在も稼動している。

　中国では原油の生産以前から，頁岩からのガス，オイルを生産しているため，撫順地区は石油産業発祥の地となっている。現在も撫順地区は石油精製の技術を蓄積しているのでその地位は揺るがず，撫順石

図5　頁岩からのシェールガス・オイルの採取工場
JOGMECのHP

油化工研究院など石油分野の研究所群も整備されている。中国最大の黒龍江省の大慶油田の原油はパイプラインで撫順地区の製油所まで運ばれ，石油製品が製造されている（図6）。

筆者は40年前に独立行政法人理化学研究所有機合成研究室で研究を指導して頂いた飯田武夫博士から，先生が満鉄で研究されていた頁岩の研究を伺ったことを懐かしく思いだす。

先生は記憶を辿りながら，若造の筆者を相手に満州の町並みのこと，研究所のこと，そして，ガス，オイルの分子構造のことを丁寧に説明して頂いた。なお，先生は満鉄時代からの研究の集大成として1980年には米国産NTU頁岩油成分の研究（第10報）を発表されている。また，有機合成研究室の主任研究員をされていた故田原昭博士は海軍兵学校75期の卒業生で厳しくかつ優しくご指導して頂いたことを懐かしく思い出す。筆者が石油の研究を目指すことになった貴重

図6　大慶油田の概要
JOGMECのHP

な恩師である。

(2) 日本

日本は1970年代に2度にわたるエネルギー危機を経験し，これを契機として，石油代替エネルギーとして頁岩からの乾留法によるガス，オイルの利用が浮上した。1981年，当時の通商産業省資源エネルギー庁，ならびに石油公団の主導のもと，民間企業36社（鉄鋼，重機，プラント・エンジニアリング，資源採掘，セメント，石油精製，商社等）が参集し，日本オイルシェールエンジニアリング㈱が設立された。

戦後日本における頁岩からの乾留法によるガス，オイル技術の開発は，国家プロジェクトによる研究として始まり，1981年に開始された研究開発は，ベンチプラント試験，パイロットプラント試験，さらにそれら成果の評価，データ蓄積等データベース化と，約10年間にわたり段階的に進められた。

装置の乾留炉は横断面が矩形で上下2段に区分されたものであり，基本的に満鉄の撫順乾留炉に類似していた。頁岩は炉頂より装入され，上半部において高温乾留ガスにより約500℃まで加熱後，ガス，オイルが蒸発する。このガス，オイルを炉内から冷却塔へ導入して冷却，分離を経て石油製品となる。

ガス，オイルを排出した頁岩はまだ残留炭素を含んでいるので，炉の下半部において吹き込まれた空気で燃焼して約1,000℃の高温で空気に添加されていた水蒸気と反応し，$C + H_2O \rightarrow CO + H_2$ なる反応を経て燃料ガスとなる。この燃料ガスで，乾留炉では外部から燃料を供給する必要がなく，操業を続けることができた。

すなわち，この方法では上下の炉内ガスを厳密に分離し，上半部は

乾留，下半部は燃料ガス製造に機能を分離することにより，回収したガス，オイルを燃料に使用しないため，ガス，オイルの回収率を大幅に向上することができた。

図7のパイロットプラントの頁岩の処理能力は公称300トン／日であったが，実際には約250トン／日レベルで操業した。1987〜1988年の2年間試験操業を行い，うち100日間は連続操業を実施した。原料はオーストラリアのコンドル鉱石（油分約6％），中国の茂名（マオミン）鉱石（同10％）を使用し，油収率約100％を達成した。省エネルギー，環境面でも良好な成績を上げ，パイロットプラント試験のデータ解析評価を行い1990年に終了した。

技術開発は約60数件に達する出願特許として，また膨大な報告書および図面類として，またパイロットプラントの設計・操業に参画した技術者・オペレータが保有するノウハウとして蓄積された。事業化

図7 日本オイルシェールエンジニアリング㈱のパイロットプラント
　　日本オイルシェールエンジニアリングのHP

は原油価格の低迷時期であり，開発した技術を商業化する場面はなかった。しかしながら，今日のシェールガス・オイル革命に一石を投じる技術であったことは確信できる。

(3) 米国

1970年代のオイル・ショック後，米国はようやく本格的な頁岩の乾留技術の開発を再開している。米国では世界最大の頁岩鉱床であるコロラド州，ユタ州，ワイオミング州にまたがるグリーンリバー層において，1980年代後半にあらゆるプロセスの開発が行われ，10,000バレル/日のユノカル社のプラントは稼働していたが，1990年以降すべての開発は中止された。

(4) ブラジル

ブラジル国営石油公社ペトロブラス社は1950年代初めより研究開発を開始し，頁岩処理能力1,500トン/日を経て，1991年に図8の7,800トン/日を稼働させて，今日に至っている。製造したガス，オイル4,000バレル/日はクリトリバ市の製油所で処理されている。装置の横断面が円形であり，その直径は11メートル，高さ約50メートルの世界最大のシャフト炉型乾留炉である。

頁岩を乾留して得たガス，オイルの一部を燃料に使用しているためオイル回収率が約90％となっている。

(5) 豪州

オーストラリアSPP/CPM社は頁岩処理能力6,000トン/日で2001年より操業開始し，ガス，オイル4,500バレル/日を製造し，ガス，オイルの販売を行っていたが，2004年に操業停止している。

図8　ペトロブラス社の実装置
ペトロブラス社のHP

　以上のように頁岩からのガス，オイルの生産は多くの国で研究開発されたが，廉価な石油と経済競争では劣ることから，本格的な操業実績を確立するには至らなかった。

3　21世紀の開発状況

　2009年になって急激にシェールガス・オイルの大輪の花の開花が噂となり始めた。それは奇しくも今日の石油革命の発祥地アメリカで開花して，現在，開花前線が怒涛のうねりとなって世界に押し寄せている。シェールガス・オイルが大輪の花を咲かせた背景には米国エネルギー省の20年にわたる廉価で多量にシェールガス・オイルを生産

できる技術開発の賜物である。奇しくも満鉄が頁岩からシェールガス・オイルの生産の事業化までの期間（19年）とほぼ同じである。

2005年以降のシェールガス開発ブームは，次の2つの技術の確立が大きな要因である。1つ目は，石油や天然ガスが閉じ込められた頁岩の層に沿って掘削される水平掘削である。水平掘削でシェールガス・オイルが含まれている頁岩の層を水平に数千メートル掘削することが可能となった。

2つ目は水圧破砕である。水圧破砕で，水平掘削で掘削した水平井戸に圧力をかけて網目状の割れ目を作り，シェールガス・オイルを生産する技術である（図9）。

これらの技術の他に既存の技術として，地下数千メートルの頁岩の層までは従来法の垂直掘削を使用する。シェールガス・オイルの生産にはコンピュータテクノロジーが重要な役目を果たす。垂直掘削から

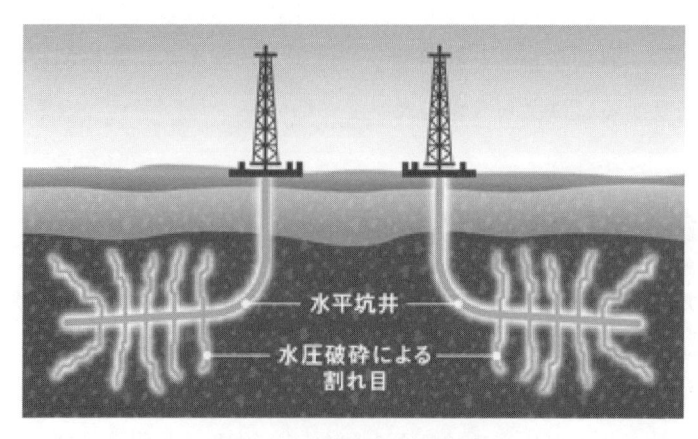

図9　水平掘削と水圧破砕
水平坑井と多段階の水圧破砕のイメージ《出典：SPE107053》

水平掘削に移行する作業、そして水圧破砕によって、シェール層からオイルやガスを生産する作業、網目状の割れ目を作るための地震波の観測・解析にコンピュータテクノロジーが大きく貢献している（図10）。

　こうした技術の確立により、商業生産が困難とされていたシェールガス・オイルが効率的かつ経済的に生産できるようになった。

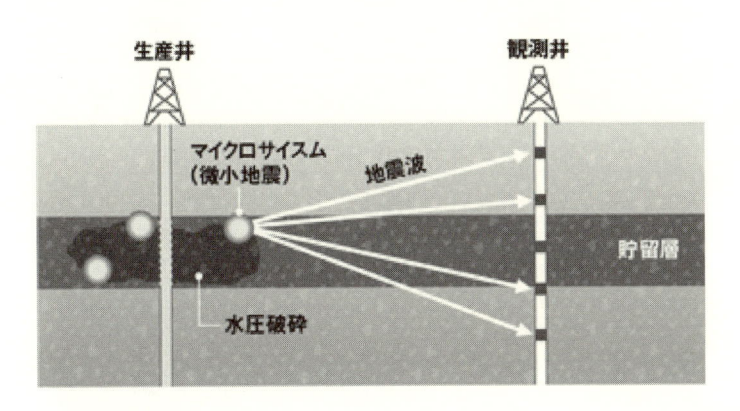

図10　採取に貢献するコンピュータテクノロジのイメージ《出典：ICEP》

3.1　米国の現状

　図11のように2007年のシェールガスの生産量は1.3兆立方フィート／年間、2009年のシェールガスの生産量は3.1兆立方フィート／年間、2010年のシェールガスの生産量は4.4兆立方フィート／年間、2020年のシェールガス生産量は2010年の約2倍の8兆立方フィート／年間が見込まれている。

　一方、図12のように天然ガスの全生産量に占める比率は、2007年では7％、2009年では15％、2010年では20％を占めている。

第 2 章　シェールガス・オイルの復権

兆立方フィート

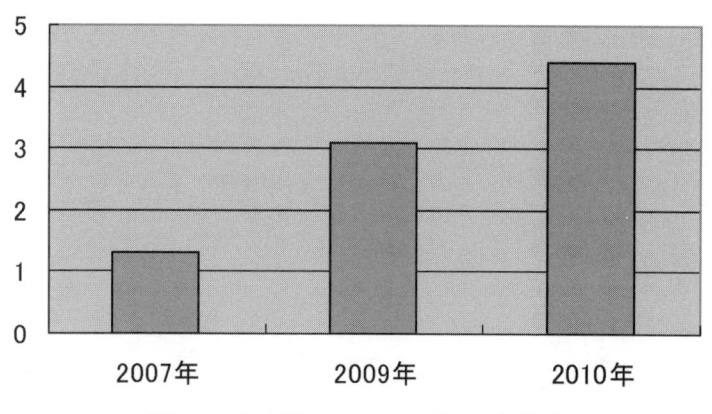

図 11　年度別のシェールガスの生産量

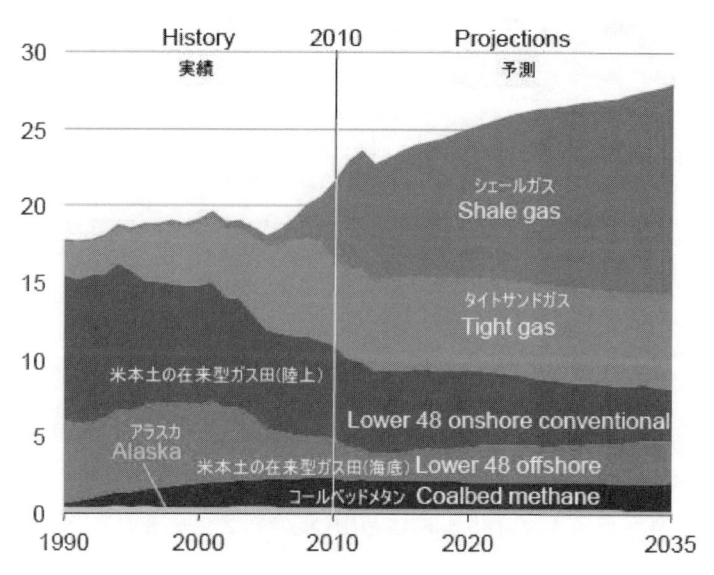

図 12　天然ガス生産量の推移，実績と予測
（縦軸：兆立方フィート，20 兆立方フィート＝ 5,663 億立方メートル）
出典：米国エネルギー省（DOE/EIA）Annual Energy Outlook 2012
　　（June 2012），エネルギー見通し年鑑 2012 年版（p.93）

3　21世紀の開発状況

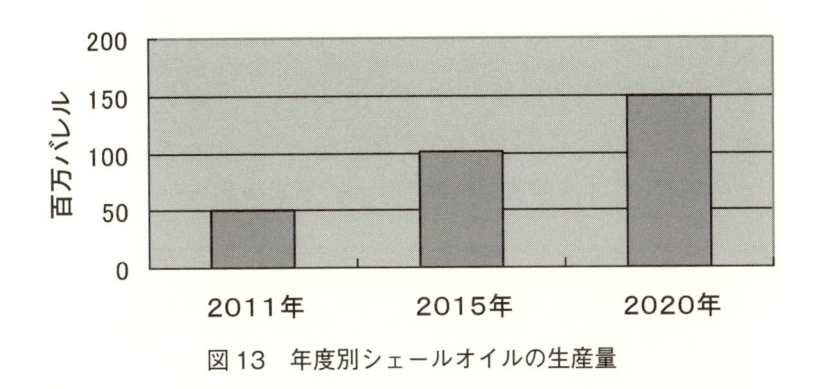

図13　年度別シェールオイルの生産量

　また，シェールオイルの生産量は2008年時点ではバッケン地区（ノースダコタ，モンタナ州）からの10万バレル/日程度だったが，開発が進み，バッケン地区とエアグルフォード地区（テキサス州）等を合わせて図13のように50万バレル/日程度に増産されていると見られる。2015年ごろには100万バレル/日，2020年には150万バレル/日と見込まれている。さらには長期的には全体で200万～300万バレル/日まで増加すると期待されている。

　シェールオイルの埋蔵量は全土で240億バレルと評価され，このうちカリフォルニアに広がるモントレー地区が最大で150億バレルで，バッケン地区は40億バレルと推定されている。噂ではあるが全土で1兆バレルを超えると推定されている。ちなみに，サウジアラビアの原油の埋蔵量は2,700億バレルである。米国のシェールオイルの埋蔵量がいかに膨大かが分かる。

　しかも，シェールオイルの生産コストは20ドル/バレル～30ドル/バレルであるから，現在のマーケット価格の100ドル/バレルでは十分に採算性がある。

第 2 章　シェールガス・オイルの復権

3.2　日本の現状

　石油資源開発㈱は 2012 年 10 月 3 日には図 14 の秋田県由利本荘市，鮎川油ガス田の地下約 1,800 メートルから，頁岩に含まれる図 15 のシェールガス・オイルの生産に国内で初めて成功した。

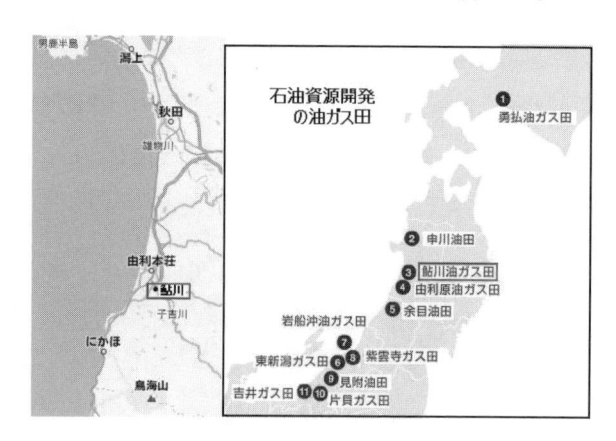

図 14　採取場所の秋田県由利本荘市

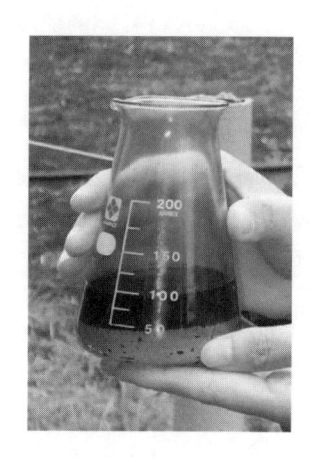

図 15　シェールガス・オイルの概観
　　　　石油資源開発㈱資料

シェールガス・オイルが噴出し始めたのは3日午前6時半ごろで，無色透明だった液体の色が茶色く濁りだし，作業員がビーカーに取り，遠心分離器にかけて原油と確認した。その後も断続的に原油が混ざった黒い液体が噴出した。油井から生産した液体を遠心分離器で分析してシェールガス・オイルを確認した。鮎川油ガス田周辺のシェールオイル埋蔵量は約500万バレルと推定されている。

同社は既存の油ガス田を利用することで開発コストの低減を図るものの，実際の事業化には経済性を精査する必要があり，今後，シェールガス・オイルの生産量等を確認し，研究を進めたいと発表している。オイルの成分を詳しく分析し，2013年度にも新たな油井を掘って試掘を本格化する計画である。

地元の秋田県では今回は試験的とはいえ，技術的な第一歩はクリアしたので，あとは商業ベースの評価がよければ大規模な採掘プラントの建設を期待している。秋田は昔から石油産出県で機械金属業界は石油や鉱山が得意で，雇用や輸送面での雇用も増え，パイプラインの敷設，および積み出し港など，インフラ整備も加速すると歓迎している。歴史的に産油地だった新潟から青森南部にかけての日本海側が原油産地化の再現を望んでいる。

由利本荘市では物流や雇用，設備投資による経済効果が出ていると，固定資産税や事業主に対する鉱産税が上積みされると期待し，国内のエネルギー自給率は4％であるが，今回のシェールオイルが新しいエネルギー源の確保となる可能性もあり，災害時にも有用との期待が膨らんでいる。

一方で，秋田大の名門の鉱山学部では，まだスタート地点に立ったばかりで，原油の埋蔵地域がどのくらい広がっているか，継続的に取

第2章 シェールガス・オイルの復権

り出すことができるかなど，調査が必要との指摘もある。

3.3 諸外国の現状

　欧州周辺国ではシェールガス・オイルの掘削技術や生産速度を含む多くの要素が流動的なため，どの国で安価なガスの掘削が可能になるかを判断するのは投機的な要素が大きいとの見方が一般的である。

　欧州のガス価格はロシアからのパイプラインガスの輸入に頼ることから，北米より割高であるため，域内でのガス生産に対する期待も大きい。ロシアからのパイプラインによる天然ガスに依存してきた英・仏・独をはじめ欧州各国は，ロシアとの長期契約による欧州へのガス輸出の呪縛から逃れようと，図16のように，我先にシェールガス探

図16　欧州におけるシェールガス・オイルの開発状況

査に着手している。

(1) ロシア

ロシアでは，プーチン大統領が米国のシェールガス・オイルの生産は世界の化石燃料市場の需給関係を再編することになるので，ロシアのエネルギー企業はシェールガス・オイルの席巻に対して準備することが必要だと述べている。

欧州でシェールガス・オイルが生産されるようになれば，ロシアからの欧州への天然ガスの輸出量に大きな影響が生じる。

図17のようにロシアは欧州への天然ガス輸出に大きく依存してお

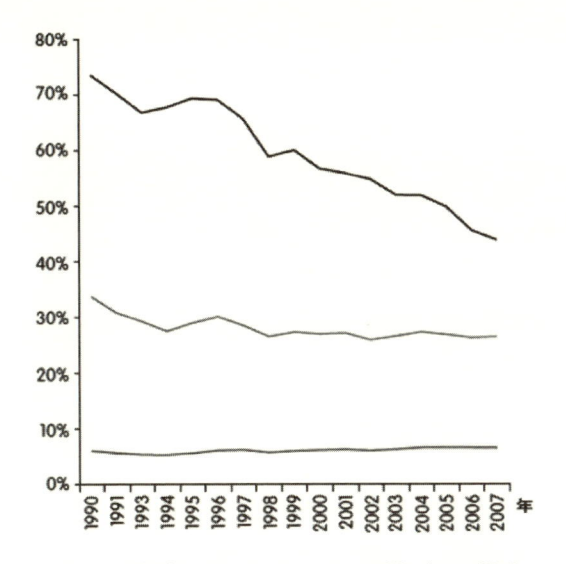

図17　欧州におけるロシアの天然ガスに比率
(上)ガス輸入に占めるロシアのシェア，(中)ガス消費に占めるロシアのシェア，(下)一次エネルギー消費に占めるロシアのシェア（出所：P. Noël, "Beyond Dependence: How to Deal with Russian Gas", Policy Brief, No. 9, European Council on Foreign Relations, p. 5.)

り，2011年のロシアの天然ガスおよび液化天然ガスの輸出量は，約2,180億9,000立方メートルであった。このうち約2,037億立方メートルの天然ガスが欧州向けにパイプラインを通して輸出されている。さらに，欧州の天然ガス価格が下落すると，ロシア政府系天然ガス独占企業ガスプロムの経営に影響を与えることになる。

ロイヤル・ダッチ・シェルとウクライナ政府が2012年にウクライナの西部のオレスク鉱区と東部のユゾフスカ鉱区のシェールガス・オイルの調査・開発を実施する契約を締結した。ウクライナは約9,300億円規模で15基の試掘削を行うプロジェクトを計画している。

(2) ポーランド

ポーランドはこの欧州地域で最もシェールガス・オイルの調査が進んでいるが，エクソンは経済性が低いとの判断でポーランドから撤退している。一方，ポーランドで利益を得ている企業も複数存在する。

(3) フランス

フランスはシェールガス開発に徹底的に反対している。フランスでは，水圧破砕法で何種類もの薬剤と砂などを混ぜた高圧水を頁岩に注入し，人工的な裂け目を作って中のガスを取り出すことで発生する環境問題を強く懸念している。フランスのオランド大統領は，サルコジ前大統領が導入した水圧破砕の禁止措置を自身の任期中は続けると約束している。

(4) 英国，オランダ，ドイツ，その他

英国では検査掘削の一時停止措置を解除したが，開発は遅々として進んでいない。オランダ，ルクセンブルク，ドイツおよびオーストリアもシェールガス・オイルの環境規制を遵守するのにかかるコストが大きいため，シェールガス・オイルは採算が取れないとの判断で開発

は慎重である。

(5) 台湾

　東南アジアの諸国も米国，欧州等のシェールガス・オイルの動向を注意深く見守っている。筆者は2011年6月に隣国の台湾政府主催の2020年までの石油精製・石油化学の事業戦略会議に招聘され，彼らの国を憂える熱意に驚嘆した。会議では冒頭に施顔祥経済大臣が基調報告後，2日間に渡り公開討議を行った。討議では，噂となりつつあったシェールガス・オイルの動向を踏まえながら，

　　① エチレン等の原料供給先として中東諸国および東南アジア諸国との互恵関係を構築する
　　② 製造では上流部門，中流部門，下流部門で効率的および伝統産業の魂を組み込んだ供給体制の構築
　　③ 製品の需要先として中国および東南アジア諸国を重点地域とする
　　④ 高付加価値率30%を目指す新製品開発
　　⑤ 化学産業に興味を持たせる人材育成
　　⑥ 海外企業の投資を促す。

以上のことが決議された。

　なお，図18のこの会議には日本から唯一，IHテクノロジー㈱常務取締役 大島治彦氏が招待を受けて参加していた。IHテクノロジー㈱は愛媛県でエネルギー関連の研究開発を主体に事業展開をしており，台湾の経済産業省とも親密な関係にある。また，異業種交流会の四国FC会を主催して，その活動内容を月刊石油産業誌で毎月連載し，さらには，図19のFMラジオバリバリ今治放送（番組名：明日のエコより今日のエコ）で毎週放送している。

第2章　シェールガス・オイルの復権

図18　左から，息子，大島氏，施顔祥大臣，筆者

図19　FMラジオバリバリ今治のロゴ

(6) カナダ

　カナダのシェールガスはブリティッシュコロンビア州，アルバータ・サスカチワン州，ケベック州，ノバスコシア・ニューブランズウィック州で埋蔵されており，カナダ全体のシェールガスの埋蔵量は1,000兆立方フィート程度と膨大な量が期待される。しかし，まだ開発は始まったばかりであり，正確な量の推計ができないのが現状であるが，エクソン・モービルなどの会社がすでに事業に取り組んでおり，重要なエネルギー資源となる可能性を秘めている。

第3章 シェールガス・オイルを表舞台に出した新技術

1 はじめに

　頁岩には5億3,000万年の時間をかけて藻やプランクトンなどの有機物が熟成したシェールガス・オイルが貯留しており，この頁岩からシェールガス・オイルは数億年の時を経て岩石の隙間をぬって油層に移動している。

　現在は，垂直掘削と呼ばれる地下に真っ直ぐに穴を掘り進む方法で油層から自然に地上に噴き出てくる原油および天然ガスを生産している。頁岩に存在している時はシェールガス・オイルと呼ばれるが，背斜トラップから生産された場合は天然ガスおよび原油と呼ばれる。

　一方，シェールガス・オイルは頁岩に残留または吸着した状態にあるため，20世紀までは頁岩を地上に掘り出して熱分解の乾留法で処理してシェールガス・オイルを生産していたが，生産工程が複雑でエネルギーを多量に消費するなどで，経済的に魅力ある方法ではなかった。経済的に有利な方法で地下から直接シェールガス・オイルを取り出すことは困難であった。

　21世紀になって，頁岩内のシェールガス・オイルを生産する方法として，頁岩層に沿って井戸を掘る水平掘削，および人工的に割れ目を作る水圧破砕，この二つの技術にITが融合してモンスター化した技術が開発された。この技術で頁岩からシェールガス・オイルを廉価で多量に地上に取り出せることが可能となった。

第3章　シェールガス・オイルを表舞台に出した新技術

それではこのモンスターの新掘削技術を眺めて行こう。

2　水平掘削

　掘削は油層の真上から掘り進めるのが一般的であるが，地理的な条件に制約がある油田の開発に有効な掘削技術として水平掘削がある。水平掘削は油層内を水平に掘削することで原油や天然ガスを効率的に回収する既存の技術ではあるが，シェールガス・オイルの掘削のために改良されている。従来の水平掘削はアラビア石油が1989年にカフジ油田で中東地域の海上油田では初めての掘削に成功し，すでに40本以上の作業実績を有している。

　水平掘削は図1の3種類の方法があり，マルチ・ラテラル掘削は1つの坑井から枝状に油層を掘削する方法である。

　大偏距掘削は油層の直上が軟弱な地盤であったり，過密な航路，自然保護区，市街地などの場合には，離れた場所から傾斜した井戸を油

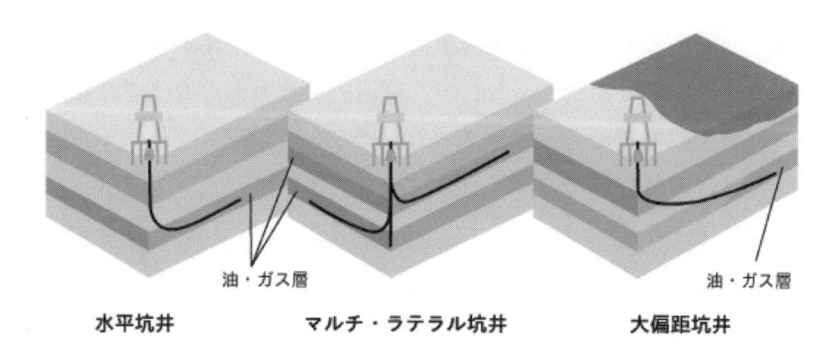

水平坑井　　　マルチ・ラテラル坑井　　　大偏距坑井

出所：石油鉱業連盟『石油・天然ガス開発技術のしおり』

図1　水平掘削の種類

層めがけて掘削する方法である。

 今回のシェールガス・オイルの要の水平掘削（ホリゾンタル・トリリング）は1929年にテキサス州で坑井を水平に掘削したのが始まりと言われており，'80年代中期に入ると北海をはじめ，中東でも生産性を高める手段とされた．さらに掘削技術の進歩も伴って，確実に水平坑井が掘削されるようになり，'90年代には掘削の通常の方法となった．水平掘削は，図2のように，シェールガス・オイルの油層に沿って掘削ができるため，既存の垂直の井戸に比べ，油層との接触体積が多く取れる．一井戸当りの生産量を数倍に増やすことができ，'80年代後半より広く，掘削に使われるようになった．

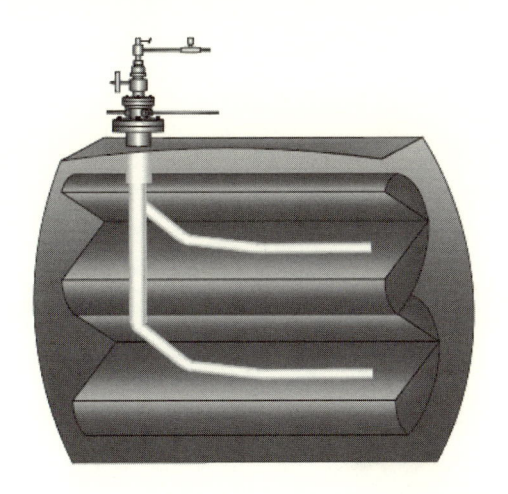

図2　シェールガス・オイルの水平掘削の概要図
出所：SPE論文135268，Baker Hughes社資料

 水平掘削は浸入流体の挙動が垂直井の場合と異なるので，井戸から泥水が地上に循環された後に，浸入流体が地上に現れるが，計算より

も早く出現したり，数回にわたり出現したりする場合がある。これらの現象は坑井の傾斜角や坑径，泥水性状や地層圧力などにより異なり，水平掘削には細心の注意が必要である。このため，経済性や掘削リグの能力はもちろんのこと，目標とする油層の深度や構造の大きさ，地層の種類や深度および地層圧力，また断層の位置などを十分に考慮することが重要である。

3　水圧破砕

　水圧破砕とは，超高圧の水を坑内に押し込むことによって地層内に割れ目をつくる手法である。その割れ目を通じてシェールガス・オイルは地上に産出される。水圧破砕はシェールガス・オイルの生産には不可欠な工程であり，この工程が開発されていないと今日のシェールガス・オイル革命は起こりえなかった。

　圧入される特殊水には割れ目を保持するための図3の特殊砂のほか

図3　特殊砂（英語ではプロパント）
JOGMEC 資料

に，地層を溶かす酸性物質，パイプと流体との摩擦を少なくする摩擦軽減剤，流体を流れやすくする界面活性剤，割れ目の開度を維持するための図4の増粘効果剤等の多くの薬剤が添加されている。

　その一般的な比率は水95％と5％（微小砂粒＋粘性降下剤＋腐食防止剤）である。図5のように，水平掘削壁を100メートル間隔で密封して密閉区間にこの水をポンプ圧力100気圧で10キロリットル／分で注入して，密封空間を10気圧にして破砕隙間を調製する。1井戸あたり水を約10,000キロリットル圧入した場合，この水に薬品を

図4　増粘効果剤
JOGMEC資料

図5　破砕隙間（フラクチャー）の方法
JOGMEC資料

約56キロリットル添加する必要があり，さらに地上に回収される水は220,000キロリットルとなる。現状ではこれら薬剤種類および調合量は全くの企業秘密となっており，まさに，水圧破砕の肝となる技術である。

4　現場の新採掘技術

　水平掘削，水圧破砕，およびITとの融合の3つの要素技術を組み合わせても実際に経済性をもってシェールガス・オイルを生産できるわけではない。それには，シェールガス・オイルを地下から生産する現場の技術を習得する必要がある。すなわち，地下に眠る資源量を可採埋蔵量に変え得る緻密な技術と知恵が必要である。

　地化学検層データから頁岩に含まれる炭酸塩，黄鉄鉱，粘土，石英，および全有機物質等の鉱物組成の分析を実施する。頁岩の全有機物質を知ることで，頁岩に含まれる空間を示す孔隙率とこの空間に含まれる水の量を示す水飽和率を算定し，頁岩の浸透率と頁岩のガス量の推定を行う。地化学検層データから粘土分を分析し，水圧破砕に用いる圧入流体の構成を調製することができる。電気抵抗力調査，およびソニック検層データから頁岩元来の粉砕隙間か掘削で発現した粉砕隙間を分析し，地層圧力を計測して，頁岩中で最も浸透率の高い箇所を探し水圧破砕を実施する。

　すなわち，水平掘削，および水圧掘削等の掘削・検層技術を適用し，頁岩特性を把握し，頁岩内の流体挙動シミュレーションを実施し，これらの結果を的確に反映させ，ガスの生産量，および可採埋蔵量増に結びつける必要がある。シェールガス・オイルの掘削にはこれらの検

層データと掘削経験等による適切な判断が要求される。

　これらの技術の進歩により，掘削での失敗が減って効率が高まり，初期生産量も増加し，シェールガス・オイルの生産性の効率化，埋蔵量推定精度等で経済性の向上につながっている。掘削リスクの軽減が，米国ではシェールガス開発に投資が集中するようになった要因である。

5　環境保全対策

5.1　環境問題への対応

　シェールガス・オイルの開発に伴う環境問題には，掘削に用いられる薬品，シェールガス・オイルによる地下水の汚染，大量の水を使うことによる地域の水不足，排水の地下圧入による地震発生リスクがある。シェールガス・オイルの採掘に使われる水圧破砕は，薬品を添加された大量の水を地下に圧入することで，シェールガス・オイルが存在する地層に粉砕隙間を調製してシェールガス・オイルの生産をする。その際に使用した水の一部は，地上に戻り一時的に作られた排水池に入れられ，処理をして再利用されるが，地下や川などに排水される。これらの工程で水質汚染，水不足および地震が発生する可能性がある。

　現在，作業現場での安全操業規制や漏油防止対策が強化されているが，一般市民の環境に係る不安の中心は，開発時に行う水圧破砕が地下水を汚染するのではないかとの懸念である。

　掘削会社は図6を示して飲料用の地下水のある帯水層は地下の浅い場所にあり，シェールガス・オイルの含まれる頁岩は深い場所にある

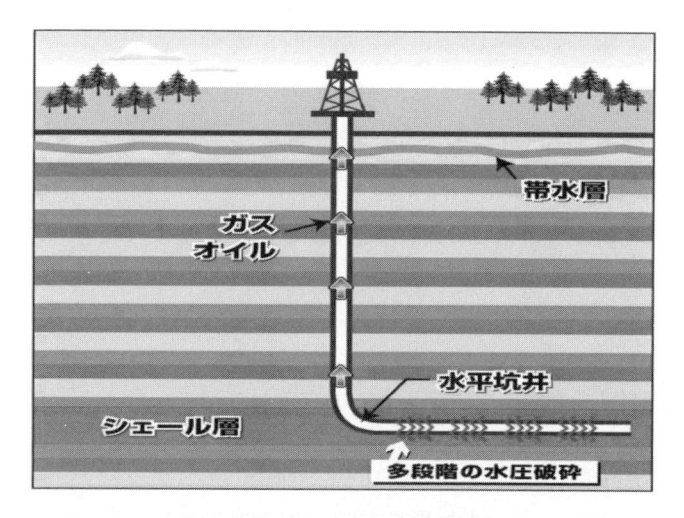

第3章　シェールガス・オイルを表舞台に出した新技術

図6　地下水と頁岩の位置関係

と否定している。

　テキサス州では2011年に，掘削会社は添加する薬品内容を州規制局に提出するとともに，州政府連合が提供している公開サイトを通じて公開することが義務づけられた。一般公開の際，薬品が企業秘密に該当すれば公表対象から除外される条項が付記されているが，すでに，公開サイトでは，採掘会社が自主的に薬剤やその構成比率を公開している。この法律に関し，米国の掘削会社は歓迎するとともに，モデル的なルールとして他州に波及することを期待しており，住民不安の解消や信頼回復につなげたいと期待している。

　ワイオミング州とアーカンソー州が同様の法律の導入を決定しているほか，ルイジアナ州やモンタナ州でも導入に向けた議論を本格化させ，既産油ガス州はこの積極的な情報公開を通じた対応策を模索している。

オバマ大統領は，就任当初，風力，およびバイオ燃料の自然エネルギーの利用拡大の方針を採ったが，その後は国内のシェールガス・オイルの開発可能性を踏まえたエネルギー政策に軌道を修正し，シェールガス・オイルの掘削を推進しながら，環境面に十分配慮した対応策を取っている。

大統領はシェールガス・オイルの掘削を推進するため，環境に調和した安全なシェールガス・オイルの掘削の方法を検討する専門家委員会を2011年3月，エネルギー省に設置した。環境保護庁は地下水汚染が報告されているいくつかの事例を含め徹底した検証を実施している。

5.2 日本の環境対策技術

シェールガス・オイルの作業で排出される油田随伴水の処理およびシェールガス・オイルに含まれる水銀除去に優れた日本の技術を紹介する。

(1) 油田随伴水の処理装置

油田随伴水は天然ガス，および原油とともに採掘される地下水で，その中には非常に除去しにくい形態の油分や有害な重金属などが含まれている。随伴水の簡易処理としては，水槽内に含油排水を一定時間滞留させ，自然に浮上する油分を除去する方法がある。この方法は，水と分離している油滴の除去には有効である。しかし，水中に融解しているミクロン大の微細な油分粒子には効果を発揮しない。そのため，油分粒子の除去には，凝集剤で凝集させた油分粒子を加圧浮上させて除去する処理方法もあるが，プラントの加圧浮上のプロセスが複雑でその操作が容易ではない。

第3章　シェールガス・オイルを表舞台に出した新技術

　そこで，清水建設㈱は水中に分散して水と分離しないミクロン大の微細な油分粒子を効率よく除去する技術を開発した。今回開発した浄化システムは，油田随伴水に凝集剤を添加して油分粒子を5mmの塊に凝集させ，図7のようにマイクロバブル技術によって塊を浮上させ，除去するというものだ。

図7　マイクロバブル技術

　これは，マイクロバブルが水中の浮遊物質と結合し浮上させるという特性を利用したもので，このシステムにより，含油濃度250ppmから0.5ppm程度に低減でき，かつ有害物質も除去できる。図8のオマーンの油田に設置されたパイロットプラントは，約20立方メートル（2m×4m×2.5m），1.5トンと超コンパクトながら，日量約50立方メートルの油田随伴水を処理できる。油田随伴水処理プラントの稼働は世界的にも例がなく，本プロジェクトは中東諸国から注目されている。シェールガス・オイルへの応用も十分可能である。
　中東では日量30万トンもの随伴水が発生する油田があり，それを簡易処理して含油濃度を平均250ppm程度に低減した上で地中に返

図8　油田随伴水の処理装置

送していたが，この技術で農業用水への使用が可能となり，生活用水の99％を地下水に頼っていることから，処理レベルの向上で生活用水への使用の可能性も示唆されている。

2011年には，オマーン国の首都マスカットで石油・ガス省のルムヒ大臣（図9），スルタン・カブース大学のベマーニ学長（図10），森元特命全権大使らが出席する記念式典が執り行われた。また，同年にルムヒ石油・ガス大臣は旭日大綬章を授与された。なお，この式典はNHKのお昼のニュースの番組で全国放送され，オマーンおよび日本の新聞でも広く報道された。この事業は産油国であるオマーンと日本との友好関係に大きく貢献している技術である。

清水建設㈱は2007年から一般財団法人国際石油交流センターの事業として受託してオマーン国で実証実験を行っている。

第 3 章　シェールガス・オイルを表舞台に出した新技術

図 9　ルムヒ大臣

図 10　ベマーニ学長

(2) シェールガス・オイルの水銀除去装置の開発

　筆者が総括責任者として開発し，2007年に石油学会の技術進歩賞を受賞した水銀除去装置を紹介する。

　世界の原油，天然ガス，およびシェールガス・オイルの一部には水銀化合物が含まれており，特に東南アジア，東ヨーロッパ，北アフリカで高い値が報告されている。

　これらの水銀化合物は，製油所の触媒の劣化，配管の損傷を誘引し，エチレンプラントでは，深冷分離の熱交換器の腐食，配管溶接部の金属脆化を引き起こしている。

　これらの事故防止，および触媒劣化等を抑止するため，原油，天然ガス，およびシェールガス・オイル中の水銀除去技術の開発が求められていた。

　水銀を除去する従来技術としては，高温での前処理工程を必要とし，ガス用および液体用の水銀除去剤として硫化物を担体に添着したものであり，石油製品中の処理に用いた場合，この硫化物の一部が石油製品中に流出する可能性があった。

　このため，高温での前処理工程を必要とせず，硫化物添着でない無添着の水銀除去剤をクラレケミカル㈱と共同で調製し，全ての形態の水銀を除去できる図11の水銀除去装置の実用化を行った。

　本技術はLPG，ナフサ，天然ガス，およびシェールガス・オイルに応用できる高性能な水銀除去技術で，形態の異なる水銀を図12のように1ppb以下まで除去できる。

第3章 シェールガス・オイルを表舞台に出した新技術

図11 実用化された水銀除去装置

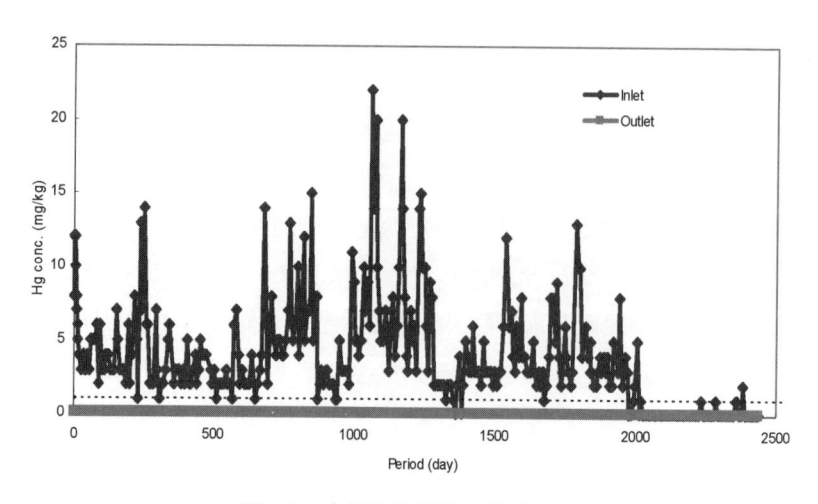

図12 水銀除去装置の稼動状況

6　生産技術は米国3社で独占

　1990年台に米国で本格的となったシェールガス・オイルを生産するモンスター掘削技術は，開発した当時はベンチャー企業の独自技術であったが，企業合併等の煽りで現在は収斂されて下記の3社の独占となっている。

(1) シュルンベルジュ社

　シュルンベルジェはシュルンベルジェ兄弟によって1927年に設立され，油田サービスでは世界最大の企業である。

　油田サービス部門は同社の売上げの70％を占め，世界の石油産業に探鉱，生産サービス，ソリューション技術を提供している。

　電磁気，音波，放射線などを利用した時代をリードする革新的な技術を次々と確立し，世界中の石油，天然ガス開発会社に対し，最先端の技術と高度なサービスを組み合わせた技術を提供している。世界6つのエリア（アジア，ヨーロッパ／アフリカ，ラテンアメリカ，中東，北米，ロシア）で，油田現場での的確なオペレーションを実現するオペレーション部門と，探査から生産にいたる専門技術を開発供給するテクノロジー部門を連携させながら，地域特性を考慮したきめ細やかな技術を提供をしている。

　資本金は500億円，年商は2009年度で約2兆5,000億円，従業員約11万人である。本社は図13のニューヨークに置かれている。

(2) ハリバートン社

　1919年にエール・ハリバートンにより，オクラホマ州ダンカンで設立された。世界最大の多角エネルギー・サービス，エンジニアリング，建設サービス会社である。エネルギー・サービス事業部門は，原

第3章　シェールガス・オイルを表舞台に出した新技術

図13　シュルンベルジュ本社のあるニューヨーク

油，天然ガス田の探鉱，開発，生産用の広範なサービスと製品を提供している。工学・建設事業部門は製油所，天然ガスプラント施設の設計，建設を行っている。また，イラク戦争後のイラクにおける運輸事業などの各種復興事業や，海外に展開するアメリカ軍のケータリングサービスの提供も行うなど，様々な事業を展開している。ディック・チェイニー米国副大統領が副大統領就任前に同社の CEO を務めていた。年商は 2012 年度で 2 兆 8,000 億円，従業員は 10 万人以上である。本社は図14のテキサス州ダラスにある。

(3)　ベーカーヒューズ社

1987年に設立された原油および天然ガス採掘サービス会社で，世界中で採掘関係の製品，技術サービス，およびシステムを世界の石油産業に提供している。

同社は7つの事業部門からなり，それぞれが個別の経営チームとインフラを保有し，独自の製品とサービスを提供している。第一事業グループは，原油および天然ガスの探鉱，開発，生産用機器の製造・販売，関連サービスの提供を行っており，第二事業グループは液体と個

体，液体と液体の分離処理機器の製造，販売を行っている．年商は2012年度で1兆円，従業員は10万人以上である．本社は図15のテキサス州ヒューストンにある．

図14　ハリバートン本社のあるダラス

図15　ベーカーヒューズ本社のあるヒューストン

第3章　シェールガス・オイルを表舞台に出した新技術

　シェールガス・オイルの掘削技術は，これら3社が独占している。3社の企業戦略で世界に伝播していくのは時間の問題と思われるが，これらの技術を習得するためには10年間以上の時間が必要との情報もある。

第4章 世界のエネルギー地図を大変貌させるシェールガス・オイル

1 はじめに

シェールガス・オイルの出現で，最近50年は比較的安定していた石油を主役とした世界のエネルギー地図が大きく塗り替えられる雰囲気が出始めており，石油エネルギー，天然ガスエネルギー，および原子力エネルギーの変貌を予想してみる。

2 石油エネルギーの動向

2011年の世界のエネルギーにおける石油の比率は40％であり，21世紀前半は石油が主役であることに変わりはない。

石油の歴史は19世紀に遡り，日本では遥か江戸時代の安政6年の1859年，アメリカの図1のペンシルベニア州タイタスビルでドレイク大佐が石油の機械掘りに成功した時に始まる。

筆者がペンシルベニア州立大学の宋春山教授の授業に出席した時，「本来，ドレイク大佐は軍人ではなく，彼が対外的に権威を持たせるために使用した敬称である」との話を耳にした。

今でもペンシルベニア州では，彼が井戸掘りに成功した時の逸話が語り継がれている。宋教授は大阪大学の野村正勝教授のもとで博士を取得されて，現在は米国で活躍されている石油分野の研究で第一人者である。

第4章　世界のエネルギー地図を大変貌させるシェールガス・オイル

図1　ペンシルベニア州タイタスビル町

　ドレイク大佐は石油井戸掘りをするため，多額の借金をしており，その返済に窮していた。そのため，タイタスビルの井戸が最後の採掘であった。この井戸で石油を掘り当て借金は返済できたが，その後，酒に溺れて，彼の人生は不遇であったとの噂がある。

　今，この井戸跡は博物館になってはいるが，現在でも樹木に覆われて，人里から遠く離れた山の中にある。最も近い町の名前はオイルタウンといい，石油の発祥地を記念した名前が残っている。彼が井戸掘りに成功して以後，原油の多量生産が可能となり，この技術を利用して世界中で原油が生産され始め，アゼルバイジャン共和国のバクー油田は1930年代には世界の石油産出量の90%を占めていた。

　なお，原油特有の単位であるバレルとは，昔，石油の輸送に用いたひと樽の容量である159リットルに由来している。

2 石油エネルギーの動向

2.1 世界の石油エネルギー

世界の原油埋蔵量は約1.3兆バレル（図2）であり，その埋蔵分布は中東が55％，世界の可採年数は約50年である。可採年数が約50年ということは巷で言われているように40年で石油がなくなることではなく，後100年は十分に可採年数があると思われる。

国別の可採年数は北米で10年，欧州で8年，旧ソ連で22年，中東は83年と中東が飛びぬけて年数が長いことが分かる。

2009年末の世界の原油確認埋蔵量は約1兆3,542億バレル、可採年数は50年となっており、確認埋蔵量の70.2％をOPEC諸国が、また55.6％を中東諸国が占めている。

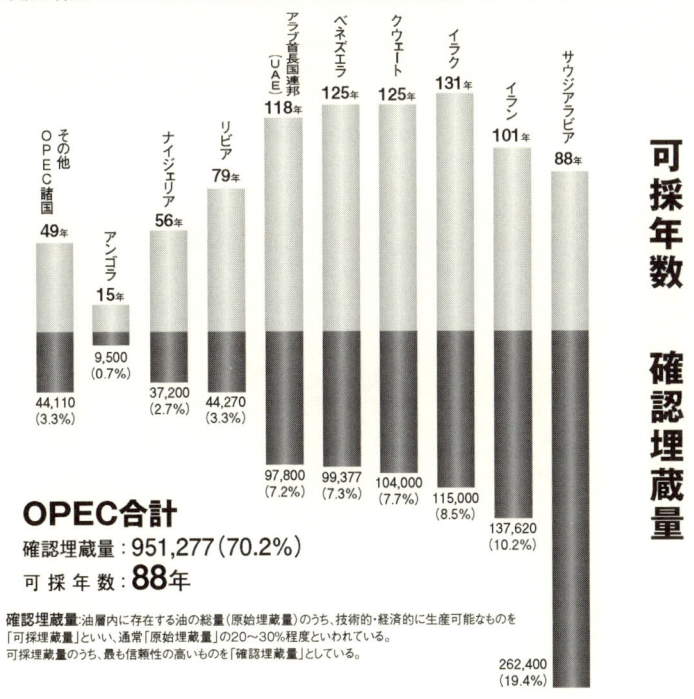

国	可採年数	確認埋蔵量（百万バレル）（％）
その他OPEC諸国	49年	44,110（3.3％）
アンゴラ	15年	9,500（0.7％）
ナイジェリア	56年	37,200（2.7％）
リビア	79年	44,270（3.3％）
アラブ首長国連邦（UAE）	118年	97,800（7.2％）
ベネズエラ	125年	99,377（7.3％）
クウェート	125年	104,000（7.7％）
イラク	131年	115,000（8.5％）
イラン	101年	137,620（10.2％）
サウジアラビア	88年	262,400（19.4％）

OPEC合計
確認埋蔵量：951,277（70.2％）
可採年数：88年

確認埋蔵量：油層内に存在する油の総量（原始埋蔵量）のうち、技術的・経済的に生産可能なものを「可採埋蔵量」といい、通常「原始埋蔵量」の20～30％程度といわれている。
可採埋蔵量のうち、最も信頼性の高いものを「確認埋蔵量」としている。

図2 世界の原油確認埋蔵量と可採年数
OGJ誌2009年末号より

第4章　世界のエネルギー地図を大変貌させるシェールガス・オイル

　可採年数は少なくとも50年ほど昔からほぼ40年で推移しており，掘削，回収などの技術の進歩で，既存の油井から原油を回収できることが可能となった。さらには，油田探査の技術が進歩し，アフリカ，南アメリカ，旧ソ連，および洋上で新規の油田の発見があるためである。世界の石油消費量は，1986年の原油価格急落をうけて増加し，1990年まで毎年2～3％程度増加した。その後，横ばいで推移したが，1994～1999年は前年と比較すると1.7％の伸びであった。

　一方，世界の石油供給の情況をみると，図3のように，2009年で70百万バレル，内訳は中東諸国が18.6百万バレル（25.7％），北米が8百万バレル（11.2％），および欧州が3百万バレル（4.7％），である。

　石油貿易量では図4のように，中東諸国が石油の主役を演じ，中東諸国の中ではサウジアラビアの勢力が浮かび上がる。

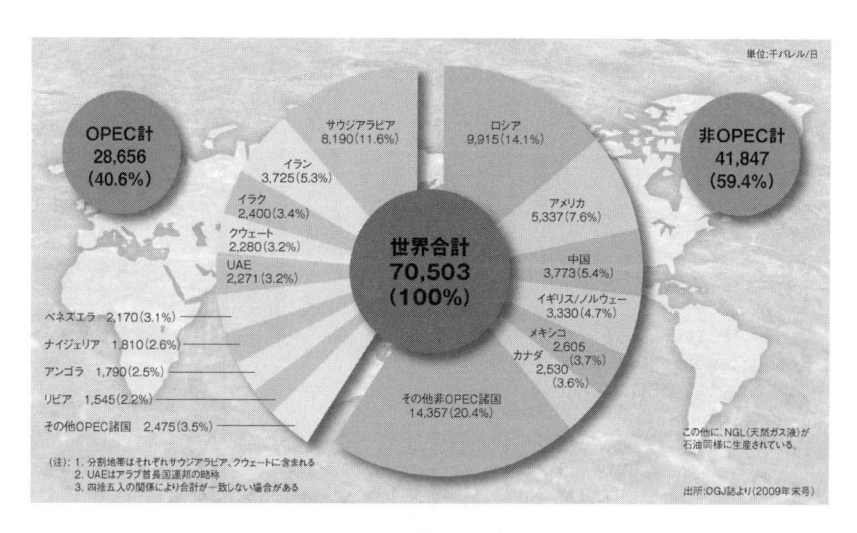

図3　世界の原油生産量
OGJ誌2009年末号より

■世界の石油貿易量（2008年）　　　　　　　　　　　　　　　　　単位:百万t

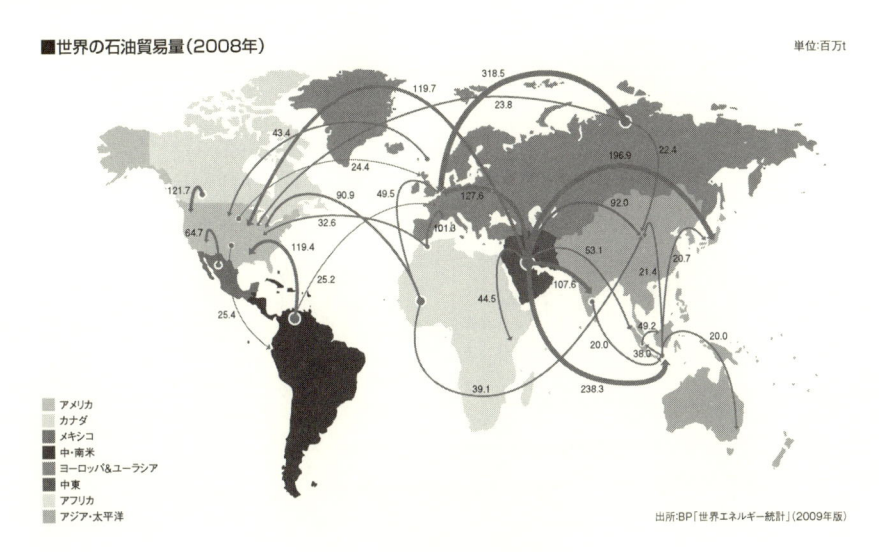

図4　世界の石油貿易量
OGJ誌2009年末号より

　図5の原油価格の動向を眺めると，1973年10月の第4次中東戦争により，石油輸出国機構（OPEC）が主導権を握り，原油価格を大幅に引き上げた。OPECは，1960年にサウジアラビア，イラク，イラン，クウェート，およびベネズエラ等で構成された原油輸出に関する組織である。原油価格の高騰は，石油消費を大幅に減少させ，OPECの市場支配力が著しく低下し，1983年には原油価格の引き下げを行わざるを得なくなった。これにより1986年には原油価格は一時的に10ドル/バレルを割り込むまでに暴落した。

　1988年以降，標準原油価格の動きに期間契約価格を連動させる方式が主流となった。最近はOPECの生産調整が効果を発揮し，WTI原油は1997年には約25ドル/バレルであったが，1999年に約10ドル/バレルまで降下し，2002年には約18ドル/バレルで上昇してい

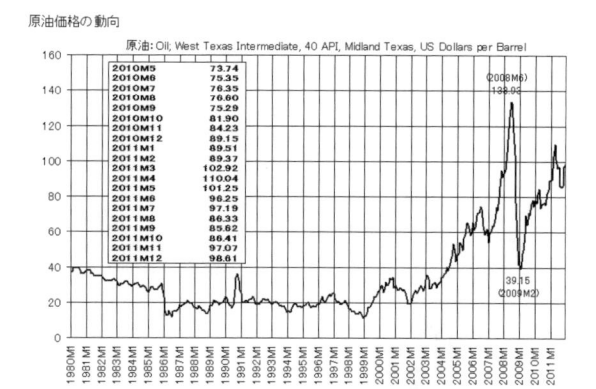

第4章　世界のエネルギー地図を大変貌させるシェールガス・オイル

図5　原油価格の動向
IMF Primary Commodity Prices より

る。その後，毎年高騰し，2008年には133ドル／バレルの歴史上の最高値を付けた。

2008年9月には150年以上の歴史を持つ米国第4位の証券会社リーマンブラザーズが経営破綻し，米国発の不動産バブルの崩壊が急速に世界的な金融不安，そして「百年に一度」とされる世界同時不況に発展した。世界経済の減速により，油価高騰ですでにブレーキがかかりつつあった石油需要は急速に鈍化した。

そして，金融収縮によって石油市場に流入していた巨額の投機資金が一斉に引き上げられ，2008年6月に133ドル／バレルを突破した原油価格は，わずか5ヶ月後の12月には39ドル／バレル台まで急落した。

しかし，これに危機感を抱いたOPECが大幅な協調減産に踏み切ったことと，先進国の経済回復は遅々として進まなかったものの，

中国をはじめとする新興国が堅調な経済発展を示したことによって，2011年に原油価格は再び100ドル／バレル台の高値圏に回復している。

(1) **サウジアラビア**

　首都はリヤドでサウード家を国王に戴く絶対君主制国家で世界一の原油埋蔵量を誇る国で，日本をはじめ世界中に多く輸出している。1938年3月に油田が発見されるまでは貧しい国であったが，1946年から開発が本格的に始まり，1949年に採油活動が全面操業した。石油はサウジアラビアに経済的繁栄をもたらしただけでなく，国際社会における大きな影響力も与えた。

　アラビア半島の大部分を占め，紅海，ペルシア湾に面し，中東地域においては最大級の面積を誇る。北はクウェート，イラク，ヨルダン，

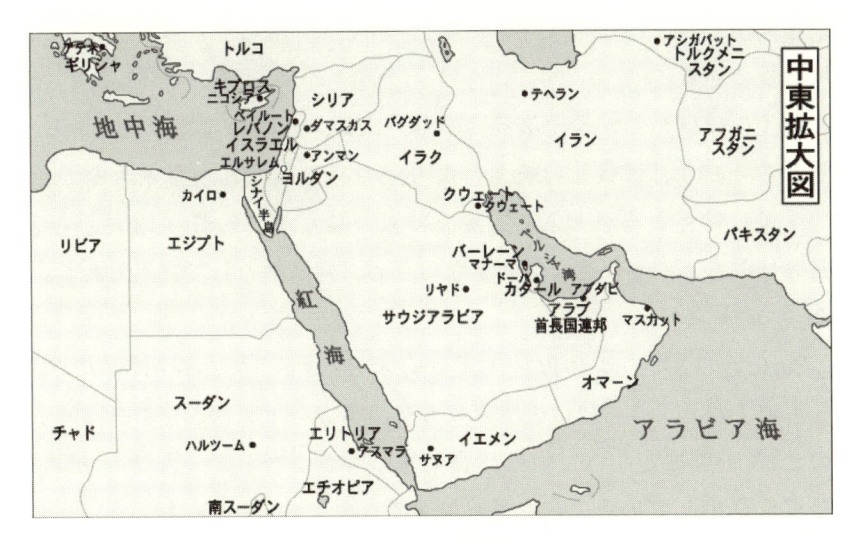

図6　中東諸国

第4章　世界のエネルギー地図を大変貌させるシェールガス・オイル

南はイエメン，オマーン，アラブ首長国連邦，およびカタールと国境を接する。

国土の大部分は砂漠で，北部にネフド砂漠，南部に広さ25万平方キロメートルのルブアルハリ砂漠がある。砂漠気候で夏は平均45℃，春と秋は29℃で冬は零下になることもある。

(2) **クウェート**

1930年代初頭，天然真珠の交易が最大の産業で主要な外貨収入源であったクウェートは，日本の御木本幸吉が真珠の人工養殖技術開発に成功したことで深刻な経済危機下にあった。

クウェート政府は，新しい収入源を探すため石油利権をアメリカのガルフ石油とイギリスのアングロ・ペルシャ石油に採掘の権利を付与した。クウェート石油は1938年に，ブルガン油田となる巨大油田を掘り当てた。世界第二位の油田であるブルガン油田は1946年より生産を開始し，これ以降は石油産業が主要な産業となり，世界第4位の埋蔵量である。

国土のほぼ全てが砂漠気候であり，山地，丘陵はなく平地である。夏季の4～10月は厳しい暑さとなり，さらにほとんど降水もないため，焼け付くような天気と猛烈な砂嵐が続くが，冬季の12月から3月は気温も下がり快適な気候となるため，避寒地として有名である。

(3) **オマーン**

2010年のオマーンの原油生産は約4,500万トンで，輸出額の78%を占めており，さらには天然ガスも産出する。オアシスを中心に国土の0.3%が農地となっている。悪条件にもかかわらず，人口の9%が農業に従事している。主な農産物として，ナツメヤシは年間で世界シェア8位の25万トン，ジャガイモは1.3万トンの生産がある。

2 石油エネルギーの動向

　オマーン国は絶対君主制国家で首都はマスカット，アラビア半島の東南端に位置し，アラビア海に面する。北西にアラブ首長国連邦，西にサウジアラビア，南西にイエメンと隣接する。

　ホルムズ海峡は，ペルシア湾とオマーン湾の間にある海峡である。北にイラン，南にオマーンの飛び地に挟まれている。最も狭いところでの幅は約33キロメートルである。ペルシア湾沿岸諸国で産出する石油の重要な搬出路であり，毎日1,700万バレルの原油をタンカーで運び，その内，80％は日本に向かうタンカーで，年間3,400隻がこの海峡を通過する。

　2011月11月3日の文化の日にオマーンのルムヒ石油・ガス大臣に旭日大綬章が授与された。日本とオマーンの経済関係の発展，特に我が国へのエネルギーへの安定供給に尽力した功績が高く評価されてのことである。

　2012年9月に，森元大使は離任を前にカブース国王陛下に拝謁し，和やかな雰囲気の中，二国間関係や地域情勢など幅広く意見交換が行われた。その際，大使が在任中に二国間関係において果たした顕著な功績により，カブース国王から勲一等ヌウマーン勲章を親授された。

　一方，在京オマーン大使館の図7のハーリド・ムスラヒ大使の活発な外交活動は日本在住の大使の中でも評判の大使である。大使はオマーン国に関係する人々の集まりである日本・オマーン協会（名誉会長：安倍晋三内閣総理大臣（図8），およびオマーンクラブ（会長：遠藤晴男）の活動を積極的に支援され，日本とオマーンとの友好関係に積極的に取組まれている。

第4章　世界のエネルギー地図を大変貌させるシェールガス・オイル

図7　在京オマーン大使館のハーリド・ムスラヒ大使

図8　日本・オマーン協会（名誉会長：安倍晋三内閣総理大臣）
　　　日本・オマーン協会のHP

2.2　日本の石油エネルギー

　新潟と北海道で少量の石油の生産はあるが98％は輸入である。石油業界にとって，緊要な課題となっている過剰設備処理の推進は2009年8月施行の「エネルギー供給構造高度化法」に基づき実施されることとなった。2010年7月，石油会社に対し，重質留分の分解

2 石油エネルギーの動向

装置の装備率を引上げる新基準が公表されたので，石油各社は常圧蒸留装置の削減を選択する可能性が高く，実質的には国内の精製能力削減につながるといわれている。

石油各社の削減計画は，JX日鉱日石エネルギーは40万バレルの削減を2011年に完了した。出光興産は2014年までに12万バレルの削減を表明しており，昭和シェル石油は2012年に川崎製油所12万バレルを削減した。現状の国内の需給ギャップの拡大が，過当競争要因のひとつとなっている石油流通段階において，各社が精製設備の能力削減に本格的に取り組むことは，石油の市場正常化にプラスに働くとみられる。

一方，図9のように，国内の石油の需要は，2009年の国内石油販

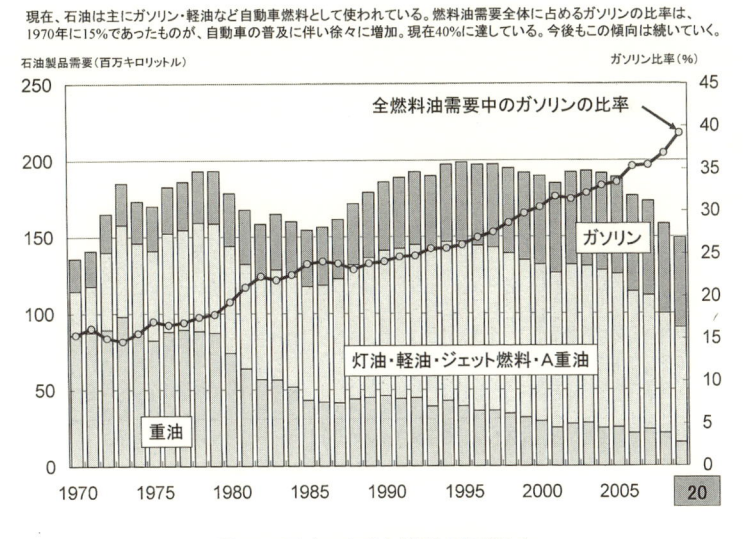

図9　日本の石油製品需要動向
石油連盟資料@ 2009より

売実績で，前年比で見ると燃料油合計が6.9％減，灯油，軽油は5％前後の減販となった。ガソリンのピークは2004年度，灯油は2002年度，軽油は1996年度，燃料油は1999年度でそれ以降増減を繰り返しながら，2006年度に全油種マイナスとなり成熟業界との色彩が濃くなっている。ピーク時と比較してみると，ガソリンは5年間で6％減，灯油は7年間で34％減，軽油は13年間で29％減，燃料油は10年間で21％減となっている。

2.3 シェールオイルの石油エネルギーへの影響

　原油を精製してガソリン，ナフサ，ジェット燃料，灯油，軽油，および重油等で利用するが，その製品割合は国によってかなり異なっている。自動車使用の多いアメリカではガソリンの比率が高く，ドイツでは軽油やジェット燃料の比率が高い。日本では，アメリカ，ドイツに比べて重油の比率が高い。これは，アメリカとドイツでは，国内での自動車用消費比率が半分以上と圧倒的に高いのに対して，日本では化学用原料，鉱工業といった産業用と電力用の比率が比較的高いためである。

　1990年代前半の革新技術の普及による埋蔵量の増加，回収率のアップが大きく紹介され，在来型の石油資源，天然ガス資源の究極可採埋蔵量の数字が大幅に上方修正された。1973年の第1次石油危機では石油資源は残り30年と予想されたが，60年後の2030年でも石油は石炭や天然ガスとともにエネルギー供給の主流に残るという見方に変わった。

　短期的な変動は別として，2030年まで原油価格の平均水準は実質1バレル20～25ドルの横ばいと見られている。2002年後半から2003

2　石油エネルギーの動向

年前半にかけて，国際エネルギー機関，米国エネルギー省，および欧州委員会が2025年，あるいは2030年までの長期エネルギー需給見通しを相次いで発表した。大きな特徴は，2030年頃まで化石燃料が大半のエネルギー供給を占め，穏やかな天然ガスシフトを示すものの石油，石炭のシェアにドラスティックな変化がないとの結論である。

これに対して，その先2060年までの30年間は，在来型の石油は資源問題にぶつかり，原油価格の上昇も予想されるが，石油は輸送用，および石化用の原料として増量すると見られている。

以上の予想の中で，シェールオイルの出現での世界の石油エネルギーへの影響としては，価格競争が勃発すれば経済性の有利な方が勝利を収めることになる。ここでは，日本への影響を図10の精製工程

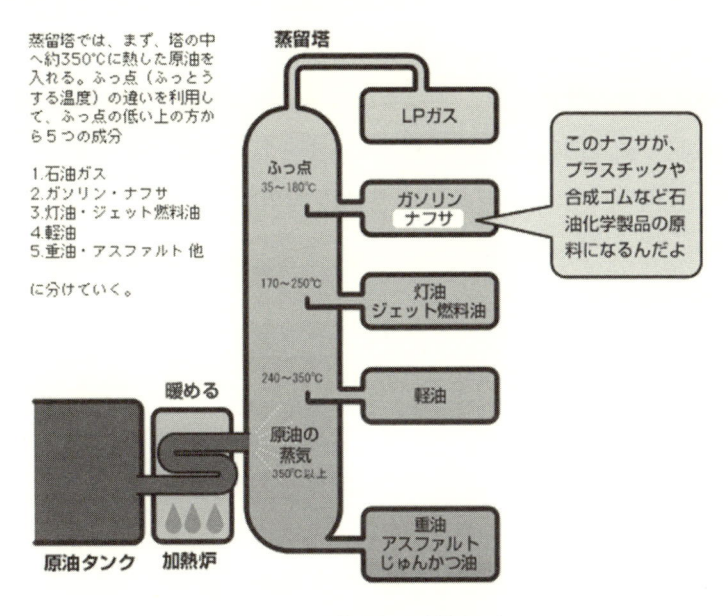

図10　石油製品の精製工程

第4章　世界のエネルギー地図を大変貌させるシェールガス・オイル

で生産されるLPG, ナフサ, 灯油, 軽油, および重油の製品別に眺めてみる。

(1) **LPG**

シェールガス・オイルの精製工程でLPGが生産され, 米国では余剰になり, 2014年に完成見込のパナマ運河が拡張されると, 2015年にはメキシコ湾積みのLPGが大量にアジア市場に流入してくる。

現在, LPGの主要生産国のサウジアラビア等からのLPG輸入に影響がでる可能性がある。

(2) **ナフサ**

石油化学の原料として欧米では既存の天然ガスを使用し, 日本ではナフサを使用しているため, 異なる影響が示唆される。欧米では既存の天然ガスとシェールガスとの価格競争となり, すでに米国ではシェールガスの優位性が確固となりつつある。

日本の石油化学産業はシェールガス・オイルを視野に入れたグローバル戦略を加速的に進めることで, 日本らしい石化コンビナートを再構築する時代となっており, ナフサの使用量が激減する可能性がある。

(3) **ガソリン**

ガソリン自動車と天然ガス自動車の普及競争で, 現在の天然ガス価格では天然ガス自動車の本格的な普及は厳しかった。今後, 廉価なシェールガスが市場を席巻すれば, 天然ガス自動車が本格的に普及して, ガソリンの使用量が激減する可能性がある。

(4) **灯油**

航空燃料, および家庭用燃料等の液体燃料としての用途が主体であり, 石油エネルギーの独擅場は変わらない。

(5) 軽油

ディーゼル自動車と天然ガス自動車の普及競争で，現在の天然ガス価格では天然ガス自動車の本格的な普及は厳しかった。今後，廉価なシェールガスが市場を席巻すれば，天然ガス自動車が本格的に普及して，軽油の使用量が激減する可能性がある。

(6) 重油

産業燃料としての用途が主体で，重油とシェールガスの熾烈な価格競争となり，今後，廉価なシェールガスが市場を席巻すれば，重油の使用量が激減する可能性がある。

3 天然ガスエネルギーの動向

天然ガスはメタンであり，化学式は単純で CH_4，石炭や石油の燃焼と比較すると，燃焼時の二酸化炭素，窒素酸化物，および硫黄酸化物の排出が少ない，すなわち環境に優しいエネルギーである。

この特性のため，地球温暖化防止対策等の環境問題を解決できるエネルギーとして注目され，クリーンエネルギーと位置付けられている。

天然ガスの主な用途としては，火力発電で燃料と家庭用，事業所用の燃料である。また，天然ガスは一般的には気体の天然（NG）であるが，液体の天然ガス（LNG）もある。

3.1 世界の天然ガスエネルギー

全世界の天然ガス資源埋蔵量は2008年では，図11のように185兆立方メートルで，可採年数は61年である。天然ガス埋蔵量は，中東

第4章 世界のエネルギー地図を大変貌させるシェールガス・オイル

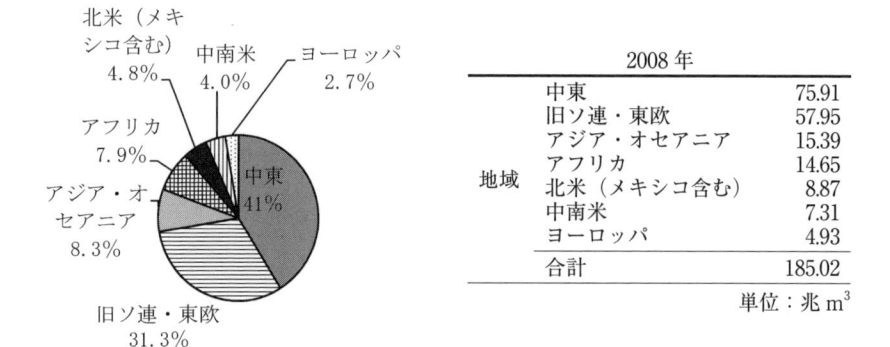

	2008年	
地域	中東	75.91
	旧ソ連・東欧	57.95
	アジア・オセアニア	15.39
	アフリカ	14.65
	北米（メキシコ含む）	8.87
	中南米	7.31
	ヨーロッパ	4.93
	合計	185.02

単位：兆 m^3

円グラフ：
- 中東 41%
- 旧ソ連・東欧 31.3%
- アジア・オセアニア 8.3%
- アフリカ 7.9%
- 北米（メキシコ含む）4.8%
- 中南米 4.0%
- ヨーロッパ 2.7%

図11　天然ガスの埋蔵量
BP STATISTICAL REVIEW OF WORLD ENERGY より

が41.0%，旧ソ連・東欧が31.3%，およびアフリカ7.9%となっている。天然ガスは国際間の取引が少なく，生産地域での取引が主体のエネルギー資源であるが，最近はエネルギーの多様化のため，流通範囲は拡大しつつある。

　全世界における天然ガスの輸入量のうち，アジアの占める比率は75%となっている。イギリス，ドイツ，フランス，およびイタリア等の欧州諸国では天然ガスの市場が確実に拡大し，ガス市場開放に向けて大きく歩み出し，地域内のガス市場は自由化されている。

　欧州では天然ガスのパイプラインが網の目のように張り巡らされている。ノルウェー領北海のトロール・ガス田とフランスのダンケルクを結ぶノルフラ・パイプラインとイギリスのバクトンとベルギーのジーブルージュを結ぶインターコネクター・パイプライン等が敷設されている。この他にもロシア，ノルウェーのガス供給国と北欧諸国を結ぶパイプラインも整備されている。

　アメリカの天然ガスの埋蔵量は全世界の数%に過ぎないが，図12

3 天然ガスエネルギーの動向

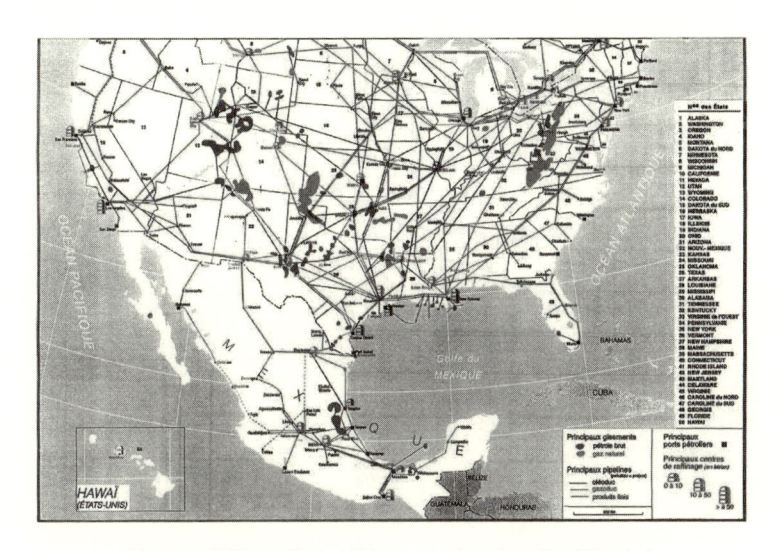

図12 米国天然ガス幹線パイプライン網（概念図）
（石井彰，将来のエネルギーミックスにおける天然ガスのポテンシャル，
http://www.meti.go.jp/committee/materials2/downloadfiles/g90406c08j.pdf）

のパイプライン網のように世界最大の天然ガス消費国であり，その消費量は世界全体の30％近くにも達している．北米のガス業界では企業経営の強化のため，再編成が相次いで行われており，カナダではガス輸送会社やガス田の開発・生産会社の合併や買収が相次いでいる．

マレーシア，インドネシア，およびオーストラリア等での天然ガス開発は日本，韓国，および台湾向けを主体に供給され，1970年代前半にブルネイ・プロジェクトが開発されてから，インドネシア，マレーシアで次々とプロジェクトが立ち上がってきた．世界的に見ても，天然ガスの輸出を主体に天然ガスが開発されている地域は東南アジアのこの地域と西豪州だけである．

天然ガスの分布状況は中東に多いものの他地域にも分散しており，

第4章　世界のエネルギー地図を大変貌させるシェールガス・オイル

石油と比較して地域的な偏在性は低い。

パイプラインガスは，一般に気候が寒冷で天然ガスが家庭でも多く使用されるなどガス需要の多い欧米で主に発達しており，世界の天然ガス貿易の主流となってはいるが，需要の増大や供給源の多様化を背景にLNGの天然ガス貿易に果たす役割が増大してきている。

輸出国・輸入国数の増大・多様化などLNGを中心に天然ガス貿易が量ばかりでなく貿易地域でも広がりを見せている。

これまで世界の天然ガスをリードしてきたのは日本であり，現在でも世界最大の輸入国である。しかし，そのシェアは縮小傾向にあり，世界的な天然ガス市場における日本の存在が徐々に低下していくことが懸念されている。中国，インドが天然ガスの輸入を開始し，北米も含めたアジア・太平洋市場における天然ガスの需要が増加傾向を示し，世界的にエネルギー市場の自由化も志向される。

(1) **カタール**

カタールは1996年に同国北部沖合に位置する世界最大規模のノースフィールド・ガス田で天然ガスの生産を開始した。

2010年11月にカタールガス3プロジェクトのトレイン6基（生産能力780万トン／年）が天然ガスの出荷を開始したほか，カタールガス4プロジェクトのトレイン7基（生産能力780万トン／年）が12月中に生産を開始し，既存のトレイン5基（生産能力780万トン／年）で世界最大の天然ガスの生産国で輸出国となっている。天然ガスの埋蔵量は800兆立方フィートで，産出量は2001年に766立方メートルで世界シェアの1.2％を占める。

四国電力㈱が首都ドーハの北80キロメートルに位置するラスラファン工業地区において，出力273万キロワットの発電設備で日量

29万トンの造水をする25年間の発電事業を展開している。プラント設備は，2011年4月に運転を開始し，電力，および水をカタール電力・水公社に販売している。

カタールは中東・西アジアの国家。首都はドーハ。アラビア半島東部のカタール半島のほぼ全域を領土とする半島の国でアラビア湾に面し，南はサウジアラビアと接し，北西はペルシャ湾を挟んでバーレーンに面する。

また，カタールはGas to Liquid（GTL）のメッカである。GTL装置の運営会社は2003年1月に設立されたオリックス社である。出資比率はカタール石油が51％，サソール合成燃料社が49％で，カタール石油が経営権を持って会社経営を意欲的に行っている。最も気になるオリックス社のGTLの経済性は原油換算で20ドル／バレルとの発言があった。

原油価格が110ドル／バレルに高騰し，また，GTL製品は環境負荷低減燃料と評価されていることでGTL事業への自信がみなぎっていた。この原油価格状態が継続すれば数年で設備償却が完了し，経済性の高いGTL装置として世界に君臨すると思われる。

オリックス社の魅力ある経営状態が世界に伝播されれば，多くの国のGTL事業への発意に影響を与えることは容易に想像できる。

(2) **ロシア**

ロシアは2008年に天然ガスの生産量は世界2位となり，世界全体の31.1％を占めている。また，ロシアで採掘される天然ガスは，欧州の天然ガス需要の30％を占める。ロシアの天然ガスの生産はほとんどロシアの国営企業であるガスプロムが独占しており，ロシア中央部に位置するウラル地方からの生産が大きな比率を占める。しかし，ウ

第 4 章 世界のエネルギー地図を大変貌させるシェールガス・オイル

ラル地方の資源は枯渇懸念が起き，欧州への天然ガス供給の中継地点となるウクライナと，ロシアとの間で天然ガス供給における衝突が起きる等の多くの問題を抱えている。

世界最大のエネルギー供給国のロシアは，アジア地域への天然ガスの輸出に乗り出している。その中心的な役割を果たすのが，ロシア初の液化天然ガスプラントとしてサハリン島で稼働を開始した「サハリン 2」である。年間生産能力が 960 万トンで世界需要の 5％にあたる。

「サハリン 2」で精製された天然ガスは，主に日本や韓国などに輸出されている。ロシアは中国との間で 20 年にわたる供給契約に合意し，需要増加が著しいアジア地域への影響力増大に向け，エネルギー覇権を目指すロシアの新たなアプローチが開始された。アジアのエネルギー市場におけるシェアは現在約 4％だが，これを 2030 年までに 20～30％に引き上げる計画で，将来的には世界の天然ガス輸出のシェアを 20～25％まで獲得する目標を掲げる。

3.2 日本の天然ガスエネルギー

天然ガスの生産量は天然ガスの消費量の 4％程度であるため，残りの 96％を海外から輸入している。輸入量は 1969 年以降，年々増加しており，2009 年度では約 6,635 万トンに達し，世界の天然ガス輸入量の約 35％を占める世界最大の輸入国である。

日本はインドネシア，マレーシア，オーストラリアなど中心に，アジア・オセアニア・中東地域の各国から輸入している。輸入先の多元化を進めることで，天然ガスの安定供給を図っている。

日本では天然ガスの消費の過半以上を電力会社による発電が占め，都市ガスは，東京および大阪など大都市圏を中心に供給している。

また，幹線導管網の発達が欧米と比べて不十分であり，欧米と比較して整備が整っていない。しかし，天然ガスの販売量は工業用を中心に年々拡大しており，新たな用途の開発も取り組まれるなど，日本においても天然ガスの重要性は増している。今後，より低廉な価格での輸入を確保しつつ，国際天然ガス市場における主導的地位を維持し，供給量の確保を確実なものとしていくかは，日本のエネルギーの安定確保の向上や効率的なエネルギー市場の実現に関して重要な課題である。

3.3　シェールガスの天然ガスエネルギーへの影響

今後とも世界のエネルギーの中核をなす資源であり，欧米では天然ガスでの普及が図られ，日本を始め東南アジアでは液化天然ガスが普及していくと想定されている。天然ガスは硫黄分，窒素分を含まない環境に優しいエネルギー源として，将来はさらに重要性を増すエネルギー資源で，産業燃料，石油化学の原料，および合成燃料等の用途で使用されている。

今後の展望として，天然ガスの国際貿易はさらに拡大することが予想され，またその中で液化天然ガスの比率が増大していくと予想され，天然ガスの貿易は今後さらにグローバル化することが予測される。

以上の予想の中で，シェールガスが2009年に天然ガスの市場に流入したことで市場の流動性が国際的に高まり，既存の市場バランスが崩れ，国家間あるいは地域間において，市場間競争が顕在化した。

シェールガスの出現は米国に限らず，欧州，南米や中国など遅かれ早かれ市場に供給されてくる。シェールガスと天然ガスの供給力，お

第4章　世界のエネルギー地図を大変貌させるシェールガス・オイル

よび熾烈な価格競争で，ロシアの天然ガス販売戦略および中東の天然ガス販売が大幅に変更される可能性がある。日本をはじめてとして中国，インド等の東南アジアや南米の需給国の動向等，これらを含め多くの要素が複雑に作用し合って世界的な開放市場へと構造的に変容していく可能性が高い。

なお，石油化学，および合成燃料には大幅な影響が示唆されているので第5章で詳細をまとめる。

4　原子力エネルギーの動向

原子力の持つ非常に大きなエネルギーは，平和かつ安全に使うことによって人類に役立つものとして有効に利用することができる。

原子力発電は少量の燃料から多くのエネルギーを取り出すことができ，「原子力の平和利用」として最も有効なもののひとつである。同時に原子力発電自体は「潜在的な危険性」を持つことも忘れてはいけない。

原子力の発電とはウラン235が核分裂して2～3個の中性子が発生し，核分裂反応が起こっていくことになる。この反応を核分裂連鎖反応と言うが，核分裂反応時は反応前の質量よりも反応後の質量の方が小さくなる。この質量差が膨大なエネルギーへと変わっている。

このエネルギーのほとんどは熱エネルギーへと変わり，原子力発電ではこの熱エネルギーをもとに発電する。原子力の平和利用を進めていく上で，何よりも優先するのは安全の確保である。そのためには，原子力のもつ力，性質を十分に認識し，それを人間の知恵と技術によって制御する必要がある。

1979年3月28日，スリーマイル島原子力発電所事故が発生し，世界の原子力業界に大きな打撃を与えた。特にアメリカ国内では前述した建設費用の高騰と合わせる形での事件であったため，原子力発電の新規受注は途絶えた。

　続いて1986年には，人類史上最悪の原子力事故であるチェルノブイリ原子力発電所事故が発生。これにより，原子力のリスクに対する大衆の認識は大幅に上がることになった。

　福島第一原子力発電所事故は，2011年3月11日に，東京電力福島第一原子力発電所において発生した世界で最大規模の原子力事故である。原子力発電史上初めて，巨大地震と大津波が原因で炉心溶融，および水素爆発が発生し，人的要因も重なって，国際原子力事象評価尺度のレベル7の非常に深刻な事故に相当する多量の放射性物質が外部環境に放出された原子力事故となった。

4.1　世界の原子力エネルギー

　需要は2008年1月時点での世界で運転中の原子力発電所は435基，合計出力は3億9,224万1,000キロワットとなり過去最高となった。

　既存炉での出力増強や新規炉の出力大型化傾向を反映し，合計出力は1998年以降，基数の増減に関わりなく上昇の一途をたどっている。史上初の原子力発電は，1951年，アメリカ合衆国の高速増殖炉EBR-Ⅰで行われたものである。この時に発電された量は，200ワットの電球を4個灯しただけであった。

　本格的に原子力発電への道が開かれることとなったのは，1953年12月にドワイト・D・アイゼンハワー大統領が国連総会で行った原子力平和利用に関する提案，「Atoms for Peace」がその起点とされて

第4章　世界のエネルギー地図を大変貌させるシェールガス・オイル

いる。これは，従来核兵器だけに使用されてきた核の力を原子力発電という平和利用に向けるという大きな政策転換であった。

　アメリカではこの政策転換を受け，1954年に原子力エネルギー法が修正され，アメリカ原子力委員会が原子力開発の推進と規制の両方を担当することとなった。

　1954年6月27日，ソビエト連邦のモスクワ郊外オブニンスクにあるオブニンスク原子力発電所が実用としては，世界初の原子力発電所として発電を開始し，5メガワットの発電を行った。1956年に世界最初の商用原子力発電所としてイギリスのセラフィールドのコールダーホール原子力発電所が完成した。出力は50メガワットであった。アメリカでの最初の商用原子力発電所は1957年12月にペンシルベニアに完成したシッピングポート原子力発電所である。同年に国際原子力機関（IAEA）も発足した。

(1) **アメリカ**

　米国では現在103基の原子力発電所が運転しているが，スリーマイル島原子力発電所事故以降，新規建設の着手が全面的にストップした影響で，原子力発電所の数は1990年の111基をピークとして減少している。一方，原子力発電所の総発電電力量は2004年に過去最高の7,886億キロワット時を記録し，1990年の5,769億キロワット時から3割以上も増加した。設備利用率が大幅に向上することで原子力発電所の安全系に影響を与える「重大事象」の発生件数は，1988年の0.77回が2003年には0.02回へと大幅に減少した。

　ブッシュ政権誕生後の2001年5月に発表された国家エネルギー政策では，「温室効果ガスを排出しない大規模なエネルギー供給源」として，原子力発電の拡大が柱の一つに据えられた。スリーマイル島原

子力事故以降途絶えていた原子力発電所の新規建設に乗り出すとともに，既存の原子力発電所の運転期間延長や出力増強を掲げている。

国家エネルギー政策には，増加する電力需要対策と既存の原子力発電所を有効利用する取り組みとして，原子力発電所の運転期間40年が前提として認可されてきたが，20年の期間延長（60年運転）が認められ，2000年のカルバートクリフス発電所を皮切りとして，運転期間の延長認可申請が相次いでいる。

また，出力増強については，最大20％までの定格出力の増強が認められており，2004年末までに103件の発電量423万キロワットが認可された。2015年までに，現在運転している原子力発電所の約8割が運転期間を更新すると予想されており，2001年5月の国家エネルギー政策を受け，エネルギー政策を担当するエネルギー省は，2002年2月，官民合同で2010年までに原子力発電所の新規建設着手を目指す「原子力2010計画」を発表した。

計画の第1段階として，エネルギー省は「早期サイト許可」を実現するための官民合同プロジェクトを立ち上げた。「早期サイト許可」は，原子力発電所の建設を決定する前に候補地の承認を得る制度で，これにより建設決定から運転開始までの期間が大幅に短縮される。従来，電力会社は原子力発電所を建設するための建設許可と，運転開始をするための運転認可を別々に取得していたが，これらの2つの許認可が同時に取得できるようになれば，運転開始までの期間短縮が可能となる。この計画により，早ければ2014年に新規原子力発電所の営業運転が開始され，1996年のワッツバー発電所以来約20年ぶりとなる。

(2) フランス

　フランスは世界一原子力発電の割合が高い国で，全発電量の 77％ が原子力発電である。1973 年のオイルショックで，エネルギー資源に恵まれない国は，政情が不安定な中東の国々にエネルギー供給を頼らざるを得ない状況になった。他国に頼ることを嫌う独立精神の高いフランス人は，エネルギー自給に重点を置き，電気エネルギーの大輸入国から大輸出国に変遷を遂げた。フランスはウランの供給源を政情の安定したカナダやオーストラリアに頼っているが，ウランは一度輸入すれば数年間使えるため，原子力を準国産エネルギーとして位置づけている。

　フランスの国民は，放射性物質や事故などの原発にともなうリスクを理解した上で，経済効果などの利点や安全対策をふまえ，原子力エネルギーに賛成している。原子力を使うことでどのような危険があるか，それに対してどのような安全策がとられているのか，またエネルギー安定供給，および環境問題のためにどのような政策が必要か，政府とコミュニティの間で密なコミュニケーションがとられている。原発について誇りに思う国民も多く，原発賛成派が約 3 分の 2 を占めている。しかし福島原発事故以降，フランス国民の多数派が反対という世論調査結果が複数出ており，今後のエネルギー政策にも変化の兆しがある。

(3) ロシア

　旧ソ連では 1954 年にモスクワ南西のオブニンスクで，実用規模では世界最初の原子力発電所の運転を開始した。この建設および運転経験をもとに，出力を増大してレニングラード原子力発電所 1 号炉を 1970 年に着工し，1974 年に運転を開始した。これは旧ソ連独特の炉

型でチャンネル型黒鉛減速沸騰軽水冷却炉（チェルノブイリ原子力発電所と同型）と呼ばれ，その後の原子力開発の主流となった．また，ソ連型加圧水型原子炉も開発し，1960年代から実用化した．旧ソ連では，開発当初から閉じた燃料サイクルの構築を目指して，高速増殖炉の開発が進められてきた．

1986年にチェルノブイリ原子力発電所で事故が発生した．この原子力発電所にはソ連が独自に設計開発した4つの原子炉が稼働しており，そのうち4号炉が炉心溶融後，爆発し，放射性降下物がウクライナ・白ロシア・ロシアなどを汚染し，史上最悪の原子力事故と言われている．

2010年現在もなお，原発から半径30キロメートル以内の地域での居住が禁止されるとともに，原発から北東へ向かって約350キロメートルの範囲内にはホットスポットと呼ばれる局地的な高濃度汚染地域が約100箇所にわたって点在し，ホットスポット内においては農業や畜産業などが全面的に禁止されている．

1986年のチェルノブイリ事故を契機に新規原子力発電所の建設は中止された．しかし，1990年代以降の原子力開発体制の再編の下で，新規原子力発電所の建設に向けての準備も進められた．2009年1月時点で27基の発電炉が運転中であるが，このほかに8基が建設中，5基が計画中である．また，国営企業ロスアトムは2030年を展望した原子力発電の将来構想を示し，新世代の原子力技術開発の計画を提案している．

4.2 日本の原子力エネルギー

日本における原子力発電は，1954年3月により原子力研究開発予

第4章 世界のエネルギー地図を大変貌させるシェールガス・オイル

算が国会に提出されたことがその起点とされている。1956年6月に日本原子力研究所，現在の独立行政法人日本原子力研究開発機構が設立され，研究所が茨城県那珂郡東海村に設置された。

その後，1970年11月に関西電力がアメリカのウエスチングハウス社技術により軽水炉を美浜発電所に，翌年1971年3月には東京電力が軽水炉を福島第一原子力発電所に設置し運転を開始した。

2007年度月末現在，全国で55基，4,947万キロワットの原子力発電所（すべて軽水炉）が稼働している。2008年度の電力供給計画によると，2017年度までに運転を開始する予定の原子力発電所は合計9基の約1,226万キロワットである。

2011年3月11日に発生した東北地方太平洋沖地震に起因する福島第一原子力発電所事故が発生した（図13）。世界における最大規模の

図13　福島第1原子力発電所
自衛隊ヘリから撮影，防衛省より

原子力事故である．本事故は日本のエネルギーの根幹を揺るがすことになった．

　今後の事故処理としては，世界的にも例のない作業を進めるため，政府や東京電力で作る推進本部を新たに設置し，海外の研究機関との連携を進めることや，原発の近くに取り出した燃料や廃棄物を調べる研究施設を設置する．

　公開されている工程では，まず，原子炉建屋内で放射性物質を取り除いた後，格納容器の壊れている部分を探して修理する．続いて，格納容器の中に水を張り，カメラで燃料の状態を調べ，最後に遠隔操作のロボットで燃料を取り出す．

　溶けた燃料の取り出しを始めるのは10年以内を目標とし，その後，原子炉を解体してさら地にするまで30年以上かかるとしている．原子炉の外に燃料が漏れ出すという深刻な事故を起こした原発を完全に撤去し，さら地に戻すことは，国際的にも経験がない上，福島第一原発では，使用済み燃料プールも含め，1号機から4号機まで作業を同時に行わなければならず，廃炉の作業がすべて終わるまでの見通しは不透明なままである．

4.3　シェールガス・オイルの原子力エネルギーへの影響

　日本では2011年に東日本大震災による福島第一原子力発電所事故が発生によって，原子力発電所の再稼働の是非などが焦点となり，今後の原発政策をどうしていくのかという議論が政府や国民の間で大きく論じられている．当面の発電を賄うために重油，天然ガス，石炭を使用した火力発電が稼動している．

　試算では2011年2月の重油価格77円/リットル，全原発を石油火

第4章　世界のエネルギー地図を大変貌させるシェールガス・オイル

力発電所で置き換えた場合の重油使用量を 647 億リットルとして，掛算すると 647 億リットル× 77 円 ≒ 5 兆円の燃料費が必要となる。実際の燃料使用比率は天然ガス 40％，石炭 40％，石油等 20％であるため，5 兆円をはるかに超えてきている。

図 14 のように，日本の天然ガスの価格は約 17 ドル / 百万 BTU で米国の約 3 ドル / 百万 BTU（ヘンリー・ハブ価格）に比べると 5 倍強の価格となっている。現在のシェールガスの価格は日本にとって非常に魅力的である。日本政策投資銀行の試算では日本の天然ガスの平均調達価格は 2020 年時点で現状より約 15％低減である。したがって，日本ではシェールガスの日本への輸入が実現すると火力発電の発電コストが削減されることになる。

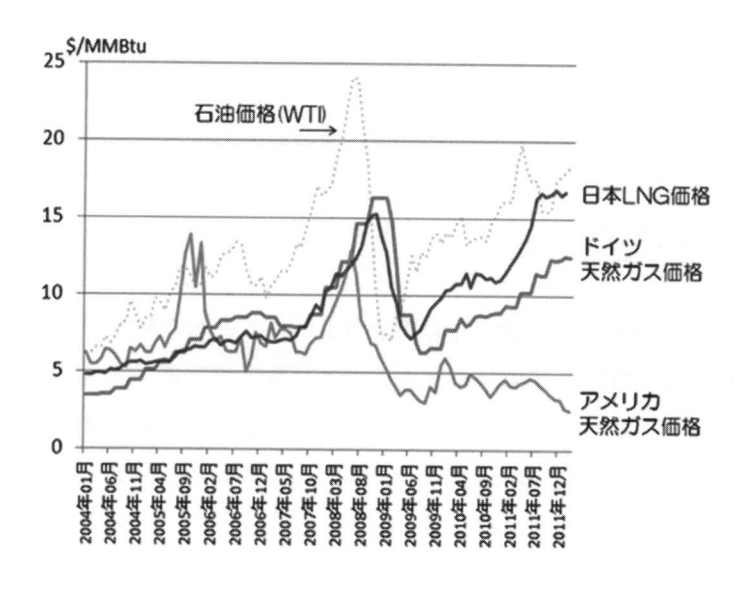

図14　天然ガスの価格推移

4 原子力エネルギーの動向

　2013年3月5日にカナダ政府は，日本向けのシェールガスの輸出を正式に決定し，カナダのブリティッシュ・コロンビア州の輸出基地からシェールガスが2019年をめどに日本などアジアを中心に輸出されることになる。

　オバマ大統領は図15の2013年2月22日の首脳会談で，天然ガス対日輸出の早期承認を求める安倍首相に対し，同盟国としての日本の重要性は常に念頭に置いていると明言したことから，米国は自由貿易協定（FTA）を結んでいない国へのシェールガス・オイルの輸出を制限しているが，政治判断で対日輸出を許可する可能性がある。

図15　日米首脳会談
ロイター通信より

第5章 世界の石油化学業界を大変革させるシェールガス・オイル

1 石油化学基礎製品の動向

　石油製品は多くの分子の混合物であるが，石油化学基礎製品はすべて1個の分子が複数つながってできていることが特長であり，そのた

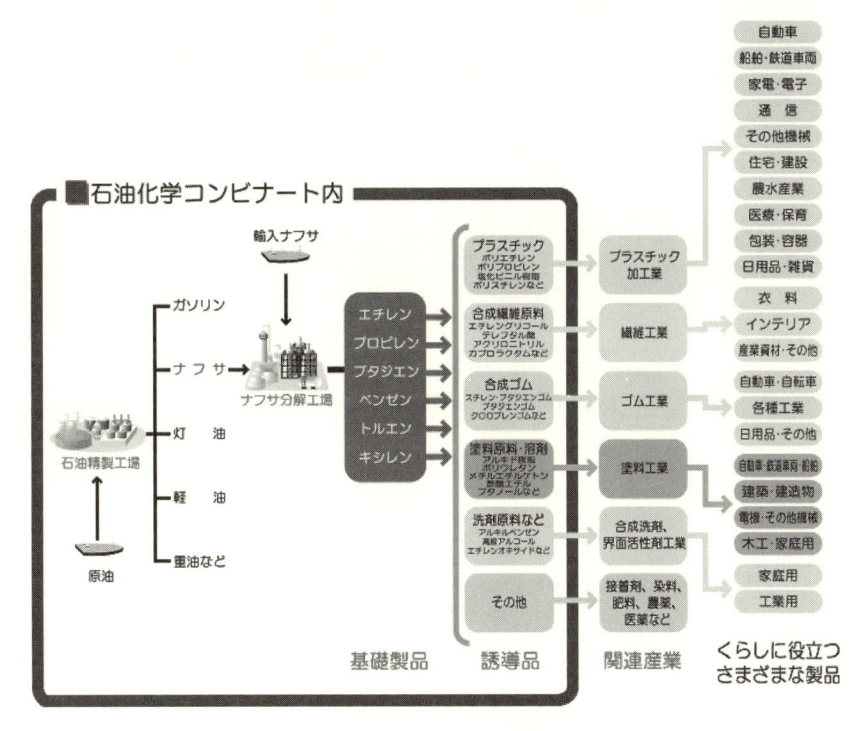

図1　石油化学製品の製造工程
　　　石油化学工業会のHP

第5章　世界の石油化学業界を大変革させるシェールガス・オイル

め，この章では化学物質の名前が多く出るが，化学物質名にこだわらず図1の全体を眺めながら読み進めていただきたい。

石油化学基礎製品は原料の種類で大別して，ナフサを原料とするか天然ガスを原料とするかの二つの方法がある。図2のように日本，中国，および欧州で採用される方法でナフサを分解してエチレン，プロピレン，ブタジエン，ベンゼン，トルエン，キシレンを製造する。または米国，および中東で採用されている天然ガスを分解してエチレン，プロピレンを製造する。

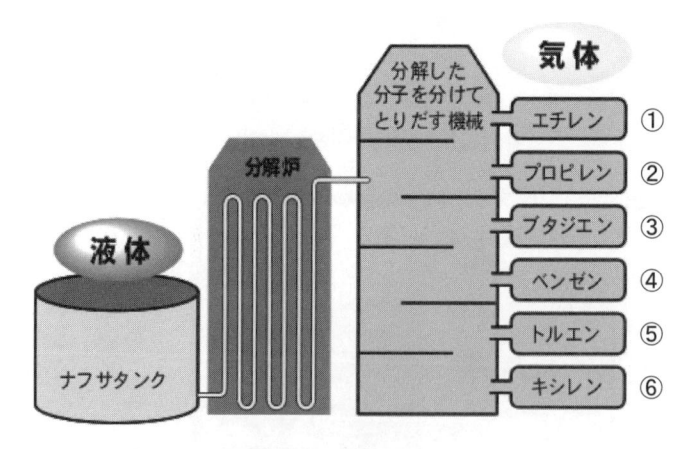

図2　石油化学基礎製品の製造工程
東北電力のHP

①エチレンはポリエチレン，エポキシエタン，エチレングリコール，エタノール，アセトアルデヒド，塩化ビニル，酢酸ビニルなどの原料。

②プロピレンはポリプロピレン，アクリロニトリル，グリセリンなどの原料。

③ブタジエンは合成ゴムの原料。

　④ベンゼンはフェノールやニトロベンゼンの原料。

　⑤トルエンはトリニトロトルエンや安息香酸の原料。

　⑥キシレンはテレフタル酸，フタル酸などの原料。

　石油化学基礎製品の基幹製品であるエチレン生産の比較では（表1），世界第一位の米国のダウが10.5百万トン，第二位のサウジアラビアのサビックが10.3百万トン，第三位の米国のエクソンモービルが8.6百万トンは日本全体の能力の7.2百万トンより大きい。また，世界10大エチレンメーカー1社当たりの平均年間生産能力は，約7百万トンであるが，日本の1社あたりの年間生産能力は0.7百万トンであり，世界10大エチレンメーカーの10分の1である。この規模の差がコスト競争力において，日本の弱点のひとつである。

表1　エチレン生産の比較

会社名	生産能力（百万トン）
ダウ（米国）	10.5
サビック（サウジ）	10.3
エクソン（米国）	8.6
日本全社合計	7.2

1.1　世界の石油化学基礎製品

　包装材，電線被覆等の製品の原料に使用されるエチレン（図3）の2010年の世界の需要量は，約1.2億トンであり，過去3年間（2008～2010年）は年率6.5％の伸びであった。今後は，世界全体が安定的な経済成長が達成されるため，2016年に1.5億トンを超えると見込まれている。

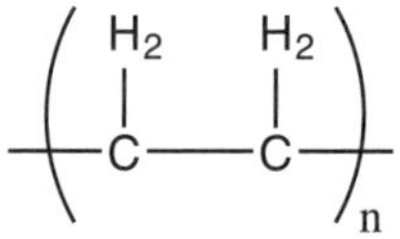

第5章　世界の石油化学業界を大変革させるシェールガス・オイル

$$\left(\begin{array}{cc} H_2 & H_2 \\ | & | \\ C - C \\ | & | \end{array}\right)_n$$

図3　ポリエチレンの分子

電気・電子製品，日用雑貨等の製品の原料に使用されるプロピレン（図4）の2010年の世界の需要量は，約0.7億トンであり，過去3年間（2008〜2010年）の平均伸び率は4.7％であった。今後は世界的に増加していくため，2016年に0.9億トンが見込まれている。

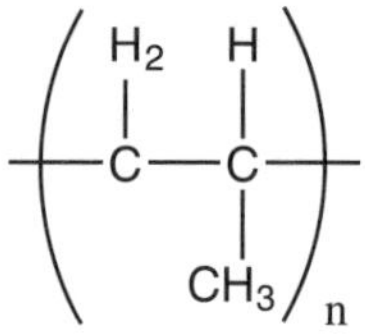

$$\left(\begin{array}{cc} H_2 & H \\ | & | \\ C - C \\ & | \\ & CH_3 \end{array}\right)_n$$

図4　ポリプロピレンの分子

合成ゴムやABS樹脂等の製品の原料のブタジエンは，世界需要は年間約900万トンで，そのうち約50％がタイヤ用合成ゴムの原料として使用されている。

化学繊維等の製品の原料に使用されるベンゼン（図5），トルエン（図6），およびキシレン（図7）の2008年の世界の需要量は，ベンゼンが約0.4億トン，トルエン約0.1億トン，およびキシレンは約0.3億トンである。

2008年から2014年の需要の年平均伸び率見通しは，ベンゼン2.2％，トルエン4.1％，およびキシレン5.5％で，今後は世界的に増

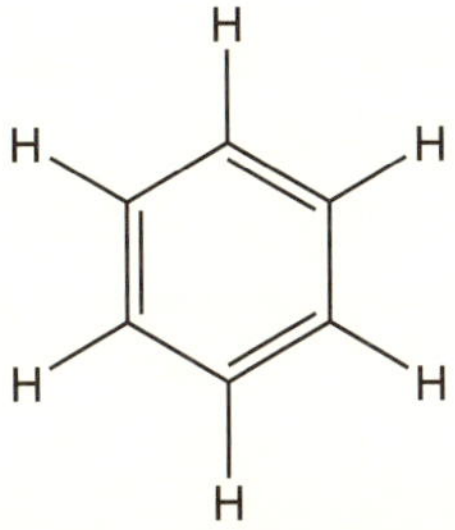

1　石油化学基礎製品の動向

図5　ベンゼンの分子

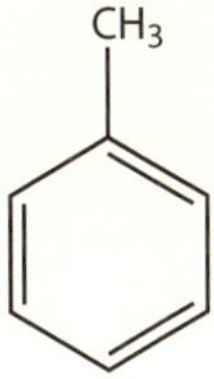

図6　トルエンの分子

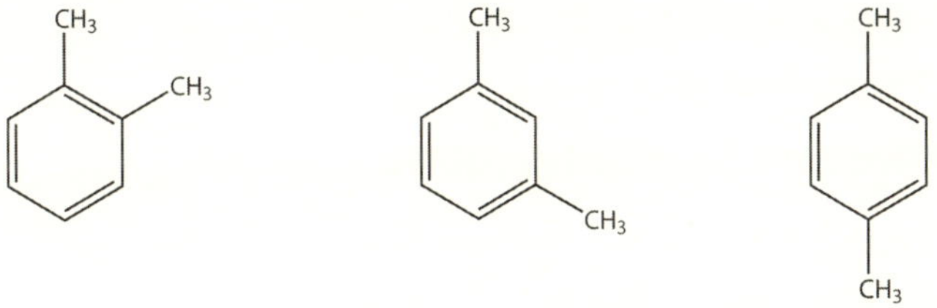

o-キシレン　　　　　　m-キシレン　　　　　　p-キシレン
(1,2-ジメチルベンゼン)　(1,3-ジメチルベンゼン)　(1,4-ジメチルベンゼン)

図7　キシレンの分子

加していくため，2014年にベンゼンは約0.5億トン，トルエン約0.2億トン，およびキシレンは約0.4億トンが見込まれている。

第5章 世界の石油化学業界を大変革させるシェールガス・オイル

キシレンにはオルトキシレン（o-キシレン），メタキシレン（m-キシレン），およびパラキシレン（p-キシレン）の3種類があり，特にp-キシレンから製造されるテレフタル酸の需要は，過去2008年から2010年までの間，年率7.6％で伸び，引き続き2016年まで7％の増加が見込まれている。

1.2 日本の石油化学基礎製品

世界との競争での勝利を目指し，日本の石油化学会社では装置の効率化を図るため装置能力の削減，装置の集約化等が検討されている。すでに住友化学は2015年に千葉県の年産38万トンのエチレンプラントを停止し，サウジアラビアのラービグプラント，シンガポールのシンガポール石油化学プラントでの生産体制を計画している。

三菱化学は2013年に茨城県の年産36万トンの第一鹿島エチレンプラントを停止し，第二鹿島エチレンプラントを2013年に年産5万トンにする装置能力増強を計画している。プロピレンについては年産15万トンの増産を計画している。

三井化学は2013年に千葉県のプロピレン，および年産10万トンのエチンプラントを停止予定である。大阪工場では2012年に年産14万トンのプロピレン製造に増産をしている。

1.3 シェールガスの石油化学基礎製品への影響

石油化学は装置産業であり，巨額の設備投資が必要であり，原料となるナフサ，および天然ガスも多量に必要となる他，プラントを建設・運転・保守する技術も必要である。

今後の石油化学の主要な担い手には，国際化学会社や国際石油会

社，中国やインドのように自国内に潜在的に大きな需要を持つ国，あるいはサウジアラビアに代表される中東産油国のように原料となる石油や天然ガスを多量に埋蔵している国となる。

　日本を初めとする東南アジアでは1960年代後半よりナフサの熱分解による石油化学コンプレックスが発展してきた。ナフサを分解してエチレン，プロピレン，ブタジエン，ベンゼン，トルエン，キシレンを連産品として製造してきた。

　しかし，シェールガスが石油化学の原料となった場合，エチレンが主成分となるため，プロピレンおよびブタジエンをエチレンから合成して製品にする必要がある。プロピレンは次の3段階を経て製造できる。

　旭化成，および三井化学の技術でエチレンを2個結合させる2量化で1-ブテンを製造できる。

$$2C_2H_4 \rightarrow 1\text{-}C_4H_8 \tag{1}$$

1-ブテンから異性化反応により，2-ブテンを製造できる。

$$1\text{-}C_4H_8 \rightarrow 2\text{-}C_4H_8 \tag{2}$$

ABBルーマス社の技術で2-ブテンとエチレンを反応させてプロピレンを製造できる。

$$C_2H_4 + 2\text{-}C_4H_8 \rightarrow 2C_3H_6 \tag{3}$$

ブタジエンは次の方法で製造できる。三井化学，旭化成の技術で1-ブテンからブタジエンを製造できる。旭化成は年産1万トンのブタジエンプラントを2014年に完成する予定である。

$$C_4H_8 \rightarrow C_4H_6 + H_2 \qquad (4)$$

2 合成燃料の動向

2.1 GTL（F-T 油）

1970年代に入り，天然ガスを液体燃料の原料として使用することに強い関心が持たれ始め，天然ガスからの液体燃料化の検討が本格的に始まった。天然ガスの埋蔵量は原油と比較してほぼ同等の埋蔵量が確認されている。一方，石油の価格は1981年には約40ドル/バレルであったが，現在は100ドル/バレルに達している。

天然ガスの価格は，中東のように過剰なガスが石油に随伴して生産される地域，また，シベリアのように埋蔵場所がマーケットから遠い地域では，非常に安価である。

油井からの随伴ガスをフレアーで焼却するのが制約される地域では，これらのガスを再び圧縮して油井に再注入するためのコストを考慮して，ガスの価値は評価「0」となる。

このような天然ガスの環境を踏まえて，天然ガスを原料にして図8に示す化学的に液体燃料を製造することに新たな関心が生まれている。

2.1.1 世界のGTL

天然ガスから液体燃料を製造するためには，まず，合成ガス（一酸化炭素＋水素）を製造する必要があり，合成ガスの製造は水蒸気改質，部分酸化改質，自己熱改質および複合改質で行う。

次に，合成ガスから液体燃料を製造する。これはF-T合成（フィッシャー・トロプシュ合成）で行われる。F-T合成は1923年に報告さ

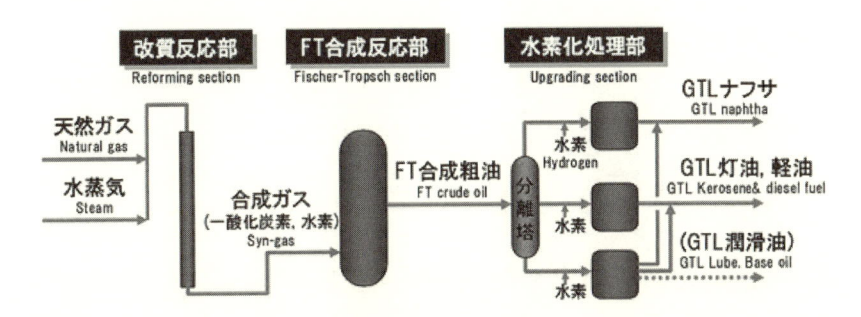

図8　GTLの工程
JX日鉱日石エネルギー㈱のHP

れた一酸化炭素と水素から炭化水素，すなわち石油製品を合成する方法である。

触媒，温度，および使用するプロセスのタイプにより，天然ガス（CH_4）からより分子量の高いパラフィン類，およびオレフィン類までの範囲のものを製造することが可能である。

このF-T合成は2つの基本反応で進行する。

$$CO + 2H_2 = (-CH_2-)n + H_2O \tag{1}$$
$$CO + H_2O = H_2 + CO_2 \tag{2}$$

反応（1）は一酸化炭素の水素化であり，コバルト，およびニッケル触媒上で優先的に起きる。反応（2）はシフト反応とよばれ，平衡反応として鉄触媒上で最も容易に起きる。この反応は，温度，圧力，および反応生成物の濃度に応じて可逆反応となる。

F-T合成で製造される製品は，原油から製造される製品に含有される硫黄化合物，金属分，および窒素化合物等の不純物は全く含まれない。

第5章 世界の石油化学業界を大変革させるシェールガス・オイル

　多くの会社が製造コストを評価しており，エクソン社が約 20 ドル／バレル，サソール社が約 19 ドル／バレル，モスガス社が約 28 ドル／バレル，シントロリウム社が約 23 ドル／バレル，石油公団が約 18 ドル／バレル，日本エネルギー経済研究所が約 35 ドル／バレルを発表している。この製造コストは各社により，評価をする前提条件が異なるため，正確な値を推定することは困難であるが，最大値は日本エネルギー経済研究所の約 35 ドル／バレルである。この値であれば現状の原油価格とほぼ同じであり，GTL は市場競争力を持った魅力ある製品であることが分かる。

　著者が団長となり，1999 年に国産 GTL の研究開発の方向性を調査するため，旧石油公団，コスモ石油㈱，旧新日本石油㈱，旧ジャパンエナジー㈱，東洋エンジアリング㈱，エンジニアリング振興協会で構成された調査団で約 30 日間かけて世界一周の調査を行ったので下記に紹介する。

　調査の結果，我が国で早急に GTL 研究開発を実施すべきとの結論に達した。訪問は南アフリカのサソール，ペトロ SA，マレーシアのシェル，米国のエクソン，シントロリウム，レンテック，英国の BP，カタールのカタール石油に及んだ。

(1) サソール社（図 9）

　南アフリカで 1950 年代に合成ガスから液体燃料を製造するために F-T 合成を商業的に応用した。

　1983 年代に商業的に石炭から液体燃料を製造するために 150,000 BPSD（BPSD（Barrels Per Stream Day）：1 年間の処理量を稼動日数で割った値）の装置の運転している。現在，この規模は世界で最大の能力である。図 9 の施設を稼動させている。

2 合成燃料の動向

図9 サソール社の視察（筆者右端）

合成ガスの製造はトプソー社の自己熱改質装置を導入し，F-T合成は自社開発した鉄系触媒を使用したスラリー床装置で行っている。

製造されるナフサ，灯油，および軽油は国内の自動車，工場で燃料として使用されているが，同時に製造されるワックスは国内での用途がないので欧州，東南アジアに輸出している。

(2) ペトロSA（図10）

世界最大の規模で天然ガスから液体燃料を製造している。南アフリカのモーゼル湾沖合85キロメートルで生産される天然ガスを原料に使用し，30,000BPSDの装置を稼動させている。合成ガスはトプソー社，FT合成はサソール社の技術を導入し，製造される製品もサソールと同様の販売形態である。

(3) シェル社（図11）

1940年代の後半から天然ガスを原料として液体燃料化に関する技術開発を続けてきた。マレーシアのビンツルから生産される天然ガス

97

第 5 章　世界の石油化学業界を大変革させるシェールガス・オイル

図 10　ペトロ SA 社の概景
「液体燃料化技術の最前線」より

図 11　シェル社の概景
「液体燃料化技術の最前線」より

を原料として 12,500 BPSD の装置を建設し，1993 年に運転を開始した。

2 合成燃料の動向

このプロセスには3つの工程があり，合成ガスの製造は部分酸化法である。F-T合成はコバルト系の高性能触媒を使用した固定床でワックスを製造している。さらに，製造されたワックスを水素化分解することで，ナフサ，灯油，および軽油を製造している。製造されるナフサ，灯油，および軽油は東南アジアに輸出し，特に軽油は米国のカリフォルニア州に低硫黄燃料として輸出している。

(4) エクソン社（図12）

1980年代から2億ドル以上の資金をGTL技術の開発に注ぎ込み，約400件の特許を所有している。

図12 エクソン社の概景
「液体燃料化技術の最前線」より

第5章　世界の石油化学業界を大変革させるシェールガス・オイル

　ルイジアナ州の研究所内に実証用装置200BPSDを建設し運転しており，合成ガスは自己熱改質法，F-T合成はコバルト系の触媒を使用したスラリー床，および固定床の水素化分解の3工程となっている。

　実証用装置の稼動状況の詳細解析結果より，50,000BPSDの建設が可能な知見は蓄積しているとの見解を示している。

(5) カタール石油社

　オリックス社の立地場所はドーハ国際空港から北に約80キロメートルのラスラファン工業団地に設置され，工業団地までは高速道路が整備されており車で約2時間の距離である。

　GTL装置の事務所の壁（図13）には，王子，および国王の来社の写真が壁に掲げられており，国の威信をかけての熱き思いが伝わる。また，社是として，①目標の達成，②積極的に新規開発に取り組む，

図13　オリックス社（筆者 右3番目，双日㈱井上氏 右端）

③誠実・透明性・正直を遵守，④社内外の友好関係を尊重，⑤意欲的に業務に取り組む，⑥情報交換を活発に，⑦他部署との親密な連携，⑧社員を大切に，⑨仲間意識の向上が掲げられている．

装置建設は，イタリアのトッチェニ社と 2003 年 3 月に 675 百万ドルで EPC 契約（設計，調達，建設）を締結したが，最終的には 725 百万ドルとなった．設計は英国のフォスタ・ウイラー社の担当であった．

完工までの延べ業務時間は約 30 百万時間，総従業員数は約 6,000 人，工事に使用されたセメントは約 5 万立方メートル，鋼材は約 4,000 トン，配管は約 25,000 トン，装置の基本部品数は約 570 個，電気配線は約 800 キロメートルに及んだ．昼夜を問わずの工事ではあったが，整然とした管理のもとで無事故，無災害を達成し，また，工事全般の資金管理もすべて順調と胸を張って説明していた．

この事業の投資集団はスコットランド銀行が幹事で，これに世界から 14 の銀行が参加した投資団で構成され，当初の投資額は 725 百万ドル，最終的には 950 百万ドルとなった．今後，17,000 バレル／日規模となる GTL 装置の投資額の目安としては，8 億〜10 億ドルとの感触を得た．

GTL 装置は 2006 年 6 月の稼動を予定していたが，少し遅れて 2006 年 9 月の稼動となった．

GTL 装置の稼動状況調査の際の工場見学では，世界一の GTL 工場と書かれた大型バスに乗り，すべてをお見せするとの感じでゆっくり走行，全ての装置の前で停止し，質疑応答が行われた．

GTL 事業に必要な全装置は 72 ヘクタールの敷地に収められ，装置構成はサソール社の指導に基づいた自己熱改質装置，F-T 合成装置

および水素化分解装置の組み合わせであった。

装置別に説明すると，合成ガス製造装置はハルーダ・トプソー社の自己熱改質装置を採用されている。この装置は水素製造装置として，世界中で多くの実績を持っている装置であり，装置の上部は約1,000℃で反応する部分酸化の反応器で，下部は約100℃のニッケル系触媒を使用した水蒸気改質の反応器で構成されている。なお，自己熱改質の部分酸化に必要な酸素製造はエアプロダクト社で，白色の2塔の反応器が見える。

F-T反応装置はサソール社のコバルト触媒を使用したスラリー床であり，セクンダ工場で長年研究を重ねた最先端のF-T技術を投入している。反応温度は約120℃，反応圧力は10気圧で一酸化炭素と水素の合成ガスを1：2の比で通じて，製造能力は17,000バレル／日が稼動している。触媒は酸化ダイヤモンドでコバルトを5wt％担持した触媒で，現在の触媒はコバルト系であるが，製品構成比率の変更では得意の鉄系も使用するとのことであった。触媒はオランダのエンゲハルト社との共同で開発である。

水素化分解装置はシェブロン社のアイソクラッキングであり，コバルト・モリブデン系の触媒で，反応温度は約200℃，反応圧力は約100気圧で稼動している。この装置は重質系を分解するための世界中で多くの実績を持っている装置である。

2.1.2　日本のGTL

国際石油開発，JX日鉱日石エネルギー，石油資源開発，コスモ石油，新日鉄エンジニアリング，千代田化工建設の6社は，2006年10月25日に日本GTL技術研究組合を設立し，独立行政法人石油天然ガス・金属鉱物資源機構と共同で天然ガスのGTL実証研究を開始し

た。

　新潟市において，図14の500バレル／日のGTL実証プラントの建設にあたり，起工式を実施した。今回の実証研究で開発するプロセスは，炭酸ガスを含む天然ガスをそのまま利用することが可能な，世界初の画期的な技術である。本研究を通じて，世界の先行企業に対して競争力のある技術を開発し，将来のエネルギーの安定供給と地球環境との調和の実現に向け取り組んでいく。今後は2年間の実証運転を行い，商業規模で適用可能な日本独自の技術を確立し，日本のエネルギーの安定供給と地球環境との調和の実現を図っている。本技術を当社の商品として確立・展開していくことが必要と考える。

　この技術は炭酸ガスを含む天然ガスをそのまま原料として利用できる独自の画期的な国産技術であり，石油代替燃料ソースとしてのガス

図14　GTLの実証プラント
日本GTL技術研究組合のHP

第5章　世界の石油化学業界を大変革させるシェールガス・オイル

資源を確保できる有用な戦略技術であり，これを確立することは，日本のエネルギー安定供給に貢献に資するものである。

2.1.3　シェールガス・オイルのGTLへの影響

合成燃料の普及の最大の条件は原料価格の低減であり，既存の天然ガスでは価格低減に限界があったが，廉価なシェールガスが市場を席巻すると，合成燃料の経済性が一気に高まり，合成燃料の用途が拡大することになる。

しかし，シェールガスを原料として石油化学基礎製品を製造した場合，エチレン，プロピレン，ブタジエン，ベンゼン，トルエン，キシレンの内，ブタジエン，ベンゼン，トルエン，キシレンを製造することが困難となる。そのため，GTLでナフサを製造して，ベンゼン，トルエン，キシレンを製造する方法も視野に入ってくる。

2.2　DME（ジメチルエーテル）

DMEはオゾン層を破壊するフロンに代り，化粧品，および塗料のスプレー噴霧剤等に多く利用されているなじみの深い物質であり，その構造はCH_3OCH_3で最も簡単なエーテルの化合物である。常温，常圧では気体で，人体への毒性は極めて低く安全であり，硫黄分等を全く含まないクリーンな燃料である。

2.2.1　世界のDME

現在，DMEはエアゾール噴射剤などの化学的用途にのみ使用されており，世界での使用量は約15万トン/年である。2010年7月にスウェーデンでボルボトラックは世界で最初に自動車用燃料としてジメチルエーテルを使用している。

2.2.2　日本のDME

現在，DMEを合成する方法としては2方式がある。

三菱ガス化学の方法は天然ガスから合成ガスを製造して，合成ガスからメタノールを合成する。その後，メタノールを脱水反応することで，DMEを合成する方法である。

日本鋼管等の方法は，天然ガスから合成ガス（H_2＋一酸化炭素）を製造して，直接DMEを合成する方法である。

$$3H_2 + 3CO = CH_3OCH_3 + CO$$

この方法は，北海道の釧路市で5トン／日の実験装置の稼動実験が完了し，将来的には2,500トン／日の生産を目指している世界に誇れる技術である。この技術の特徴は合成ガスからDMEを合成する時に用いる高圧スラリー床反応技術で，この反応装置に合成ガスを投入して，触媒とスラリー床で混合反応させる方法である。

2.2.3　シェールガス・オイルのDMEへの影響

合成燃料普及の最大の条件は原料価格の低減であり，既存の天然ガスでは価格低減に限界があったが，廉価なシェールガスが市場を席巻すると，DMEの経済性が一気に高まり，用途が拡大することになる。

2.3　メタノール

メタノールは無色の透明な液体で，アルコールランプ等に用いられるが，ホルマリン，および酢酸等の石油化学品の原料が主たる用途である。メタノールの生産量は，世界で約2,700万トン／年で，現在，サウジアラビア，およびカナダ等が主要生産国である。

第 5 章　世界の石油化学業界を大変革させるシェールガス・オイル

2.3.1　世界のメタノール

　天然ガスを原料として，これから合成ガス（一酸化炭素と H_2）を生成し，触媒を用いメタノール反応装置でメタノールを生産している。

$$2H_2 + CO = CH_3OH$$

　1923 年にドイツのレウナに年間で 3,000 トンの石炭から合成ガスを原料として，世界で最初に工業的にメタノール製造法を完成させた。

　1966 年に，英国の ICI 社が CuO（酸化銅），ZnO（酸化亜鉛）と Al_2O_3（酸化アルミ）を混合した触媒を開発した。反応温度は 240℃，50kg/cm^2 の低圧でメタノール合成法に成功し，製造されるメタノールの純度は 99％以上であった。

　1973 年にドイツのルルギー社は，反応温度 240℃，4～5 メガパスカル，触媒は Cu（銅），および ZnO（酸化亜鉛）の混合触媒を使用した年間 200,000 トン／日の装置を稼動させた。その後，この低圧法の改良，改善が世界で行われ，製造工程での省エネルギー化促進，さらに，より活性の高い触媒開発が進められ今日に至っている。

2.3.2　日本のメタノール

　日本におけるメタノールの製造は，1924 年から製造の研究が開始され，1933 年ごろ，住友化学等が海外の技術を導入して開始した。1952 年には三菱ガス化学が新潟の天然ガスを原料として，安価で製造を開始した。

　しかしながら，世界のメタノール製造の大型化により，国内で製造されたメタノールは安価な天然ガスを有する資源国であるサウジアラビア，およびカナダ等との競争に対抗できないため，国内での生産は 1980 年からされていない。

2.3.3 シェールガス・オイルのメタノールへの影響

　合成燃料の普及の最大の条件は原料価格の低減であり，既存の天然ガスでは価格低減に限界があったが，廉価なシェールガスが市場を席巻すると，合成燃料の経済性が一気に高まり，メタノールの用途が拡大することになる。

第6章 シェールガス・オイルで日本は躍動する

1 はじめに

　日本の経済は昭和時代の中ごろから重厚長大型の高度成長を謳歌した後，平成時代の初期には軽薄短小型へと舵を切り繁栄を模索しているが，現在まで厳しい経済環境の中を蛇行している。

　こんな環境のなかで，シェールガス・オイルのうねりは米国から瞬く間に世界に伝播し，日本の経済に躍動を与えるうねりとなっている。すでにうねりの効果はシェールガス・オイルに関わる日本の生産領域，流通領域，消費領域の産業で顕在化している。さらに，うねりは環境に優しい国づくりの主役となりつつある。

　現在，環境に優しい国づくりの主役の水素を廉価で多量に製造する方法が見出せない状態であったが，廉価なシェールガス・オイルが多量に手に入ると，廉価な水素製造も夢でなくなり，環境に優しい未来都市の建設に加速度がつくことになる。

　未来都市構築の推進役として，分散型発電の家庭用燃料電池，および環境負荷低減の燃料電池自動車の本格的普及が現実となってきた。このようにシェールガス・オイルが日本社会を大きく躍動させることになってきた。

第6章 シェールガス・オイルで日本は躍動する

2 環境に優しい国

　世界ではエネルギーを効率的に活用する未来都市の建設計画が進んでおり，そのなかでも代表格と言われている未来都市がアラブ首長国連邦（UAE）にある図1のマスダール市である。

図1　マスダール市の概要図
アラブ首長国連邦のHP

　都市づくりの主要大臣のひとりが図2のアラブ首長国連邦のマイサ・アル・シャムシ国務大臣兼UAE大学研究顧問である。筆者が訪れた日本の環境に優しい国づくりのお手本となる都市のマスダールを紹介する。

2 環境に優しい国

図2 マイサ・アル・シャムシ国務大臣（左）と筆者（左二人目）

2.1 日本型の未来都市

　マスダール市は先端エネルギー技術を駆使してゼロエミッションのエコシティを目指すアラブ首長国連邦の都市開発計画で建設されている都市である。主としてアブダビ政府の資本によって運営されているムバダラ開発公社の子会社，アブダビ未来エネルギー公社が開発を進めている。

　英国の建設会社フォスター・アンド・パートナーズが都市設計を担当し，太陽エネルギーやその他の再生可能エネルギーを利用して持続可能なゼロ・カーボン，ゼロ廃棄物都市の実現を目指している。

　マスダール市はアブダビ市から東南東方面に約17キロメートル離れたアブダビ国際空港の近くに建設中で，国際再生可能エネルギー機関の本部が置かれる予定となっている。

　マスダール市の建設計画は2006年に開始された。工期は約8年で，

第6章　シェールガス・オイルで日本は躍動する

　プロジェクトの総事業額見込みは約2兆2,000億円である。都市の面積は約6.5平方キロメートル，人口は約50,000人が居住可能となる。また，商業施設や環境に配慮した製品を製造する工場施設など，1,500の事業が拠点を置き，毎日60,000人以上の就労者がマスダールに通勤することが見込まれている。

　このほか，米国のマサチューセッツ工科大学の支援を得てマスダール科学技術研究所も設置されている。自動車はマスダール・シティ内へ進入できないため，都市外部とは図3の大量公共輸送の乗り物や個人用高速輸送の乗り物（英語：Personal rapid transit：PRT）を使ってマスダール市の郊外に置かれる既存の道路や鉄道との接続拠点を介して行き来することになる。マスダール・シティは自動車の進入を禁止した上で都市周囲に壁を設け，それによって高温の砂漠風が市内に吹き込むことを防ぎ，幅の狭い道を張り巡らせて冷たい風が街中に行き届くようにしている。

図3　電気自動車
アラブ首長国連邦，マスダール紹介のHP

2 環境に優しい国

　マスダール市ではさまざまな再生可能エネルギーが使用される。プロジェクトの初期段階には，図4の独・コナジー社が建設する40～60メガワット級の太陽光発電所が含まれており，他の建設現場に必要な電力がここから供給される。次の段階では，さらに大規模な発電所が建設され，屋上に設置される追加のソーラー・パネルによって最大発電量は130メガワットとなる。マスダール・シティ外には最大20メガワットを発電可能な風力発電地帯が設けられると同時に地熱発電の活用も検討されている。また，世界最大規模となる水力発電所の建設も計画されている。さらに，水素社会の主役の分散型発電装置として燃料電池も使用される。

図4　太陽光発電の装置
アラブ首長国連邦，マスダール紹介のHP

　水源についても環境に対する配慮がなされた計画となっている。マスダール市が必要とする水量は同規模の共同体に比べて60％低いが，その供給には太陽光発電によって運営される海水淡水化施設が使用される。使用された水のうち約80％は可能な限り，繰り返しリサイクルされる。排水は農業用水をはじめとする他の目的にも流用される。
　マスダール市では廃棄物のゼロ化も目指す。有機性廃棄物は有機肥料や土壌の元として再利用されるほか，ごみ焼却炉を介して発電にも

第6章　シェールガス・オイルで日本は躍動する

使われる。プラスチックや金属などの産業廃棄物はリサイクルや他の目的への転用も行われる。

　日本では未来都市の具体的な構想はまだ見えていないが，マスダールを良いお手本として，日本型の未来都市の建設を視野に入れる時期であり，空想ではあるが復興の一歩として東北地方に未来都市を建設して，全国に広めて行く方法もあると筆者は強く感じる。

2.2　未来社会を拓く燃料電池

　未来社会を拓くためのエネルギー供給システムのひとつとして分散型発電の燃料電池がある。今日の燃料電池の普及の第一歩を踏みだすのに大きく貢献したのが，一般財団法人 石油エネルギー技術センター技術業務部の図5の7人衆の辻井貢部長（コスモ石油），高橋成宜氏（新日本石油），村上正幸氏（JOMO），本宮精一氏（自動車研究所），鈴木良幸氏（アラビア石油），山本総一氏（昭和シェル石油），および筆者である。7人衆は，当時，燃料電池の世界最先端を独走し

図5　燃料電池7人衆（筆者 後列左二人目）

114

ていたカナダのバラード社と情報交換しながら，国内で経済産業省精製備蓄課の指導を頂いて，家庭用燃料電池，および燃料電池自動車の本格的普及に向けた研究開発を石油業界や自動車業界等と実施した。

燃料電池システムの歴史は遥か 1801 年にデイビィー氏が燃料電池システムの原理を発見したことから始まり，1839 年イギリスのグローブ卿が低濃度の硫酸に浸した白金電極に水素と酸素を投入した時に電流が流れることを発見した。

1965 年に宇宙船ジェミニがエレクトリック社の燃料電池を搭載して以降，アポロ，およびスペースシャトル等に燃料電池が宇宙船の動力源として使われるようになった。その後，日本の企業が主役となり，2002 年に燃料電池自動車を市場に登場させ，2009 年 6 月には世界で初めて家庭用燃料電池の図 6 を製品名エネファームで家電製品として販売を開始した。

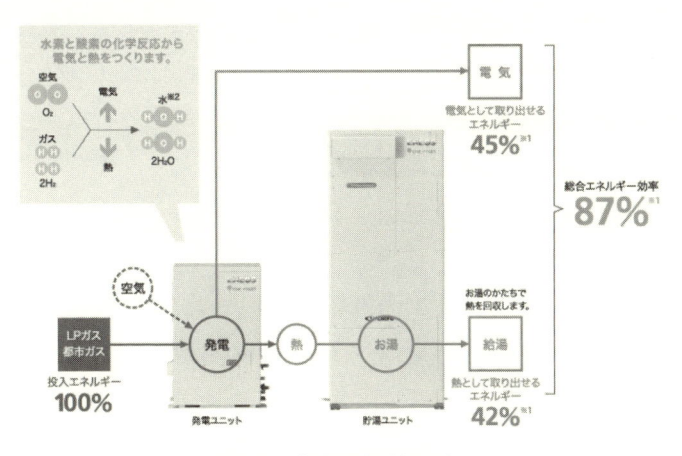

図 6　家庭用燃料電池
JX 日鉱日石エネルギーの HP

第6章　シェールガス・オイルで日本は躍動する

(1) 家庭用燃料電池

　家庭用燃料電池のエネファームの販売は2009年度が3,907台，2010年度が5,829台，2011年度は11,875台と，一気に前年度比2倍に跳ね上がった。そして，2012年度は17,061台の見込みであり，累計販売台数は38,672台になる。日本の家庭数から見れば普及率はまだ少ないのが現状であるが，確実に増えていることは燃料電池の初期から携わっている筆者としては我が子の成長を見るがごときである。

　本格的な普及にはまだもう一歩の理由はまず価格が高すぎる点である。10数年は1,000万円/台であった。それと比較すれば2009年当初の350万円/台は安いが，それでも高いと感じる。最新型の「エネファーム type S」は，275万円で補助金100万円としても，一般家庭が購入できる家電品としては厳しいので，さらなる価格低減を期待したい。

　一方，停電時に発電ができない問題について，現在，家庭用燃料電池は電力会社との系統連携契約で停電時には使用できないとの取り決めはあるが，大阪ガスは2012年に停電時も運転を続けられる新製品を発売した。JX日鉱日石エネルギーは2012年に「燃料電池」，「太陽光発電」，「蓄電池」の3電池を組み合わせることで，停電時にも燃料電池の運転を継続し電力を確保することができる「自立型エネルギーシステム」の提供を発売した。

　家庭用燃料電池はすでに国内の量販家電店で販売される時代となっており，今後は国内の販売展開だけでなく海外での販売展開も急速に広がると思われる。

(2) 燃料電池自動車

　燃料電池システムの用途で最も注目されているのが自動車用であ

る。燃料電池は電気化学反応によって直接電力を取り出し利用でき，自動車エンジンのようにカルノー効率の制約を受けないためエネルギー変換効率が非常に高くなる。既存の自動車エンジンのエネルギー効率は約30％であるが，燃料電池自動車でのエネルギー効率をGM社は45％と発表している。

2000年11月にカリフォルニア州で燃料電池車の共同実験が開始された。燃料電池車の公道実験を通しての安全性や耐久性の基準づくりや燃料の問題を話し合い，商業化への道筋を探るのが目的である。ここには，自動車メーカーのGM，フォード，ダイムラークライスラー，トヨタ，ホンダ，日産，フォルクスワーゲン，韓国の現代の8社が参加している。また，水素という燃料を使うため，シェブロン・テキサコの石油メジャーなども参加している。

現在走行している燃料電池自動車は図7の「トヨタのFCHV-adv」

図7　トヨタのFCHV-adv
トヨタ自動車，ニュースリリースより

は全長4.7メートル，全幅1.8メートル，全高1.6メートル，最大速度は時速155キロメートルである。「ホンダのFCXクラリティ」は全長4.8メートル×全幅1.8メートル×全高1.4メートル，最高速度は時速160キロメートルである。また，「日産のX-TRAIL FCV」は全長4.4メートル×全幅1.7メートル×全高1.7メートル，最高速度は時速150キロメートルである。

2011年にはトヨタは燃料電池車の価格を500万円と発表し，コスト削減を目指して各社が総力を挙げており，近々，市場が納得する価格の車が出現するものと期待大である。

今後，世界の燃料電池車の普及拡大には，燃料電池車の燃料である水素を供給する水素ステーションの普及が急務となっている。これまで，世界で建設された水素ステーションは実証研究用を中心に200箇所以上で，うち米国がもっとも多く，次いでドイツ，日本の順になると見られ，カナダや韓国も積極的に取り組んでいる。

日本の民間企業・関係団体から構成される燃料電池実用化推進協議会は「FCVと水素ステーションの普及に向けたシナリオ」を発表し，2015年をFCVの普及開始年に，2025年をFCV・ステーションの自立拡大開始時期に定め，2025年におけるFCV普及台数を200万台程度，ステーションを1,000箇所程度の目標で普及を促進させている。

3　シェールガス・オイル革命で日本の産業界を活性化

シェールガス・オイル革命で日本の産業界は図8の生産領域，流通領域，および消費領域で多くの企業の活性化が見込める。

3　シェールガス・オイル革命で日本の産業界を活性化

生産 (掘削)	流通 (パイプライン，LNG)	消費 (燃料転換，素材代替)
<水圧破砕工程> ○添加物 　　フェノール樹脂 　　ポリグリコール酸樹脂 　　グアーガム等 ○水圧破砕に利用した水の再処理 <採掘> ○シームレス鋼管 ○ガス分離装置	<出荷> ○輸送タンク（炭素繊維） <パイプライン> ○ライン用パイプ ○パイプ敷設建機 <LNG> ○積出港湾整備 　液化設備，タンク， 　超低温ポンプ ○LNG運搬船 ○受入港湾設備 　再気化器，タンク， 　超低温ポンプ	<燃料転換> ○発電燃料 ○自動車燃料 ○船舶燃料 ○航空機燃料，ロケット燃料 <素材代替> ○化学製品原料 ○肥料原料 ○鉄鋼用還元剤

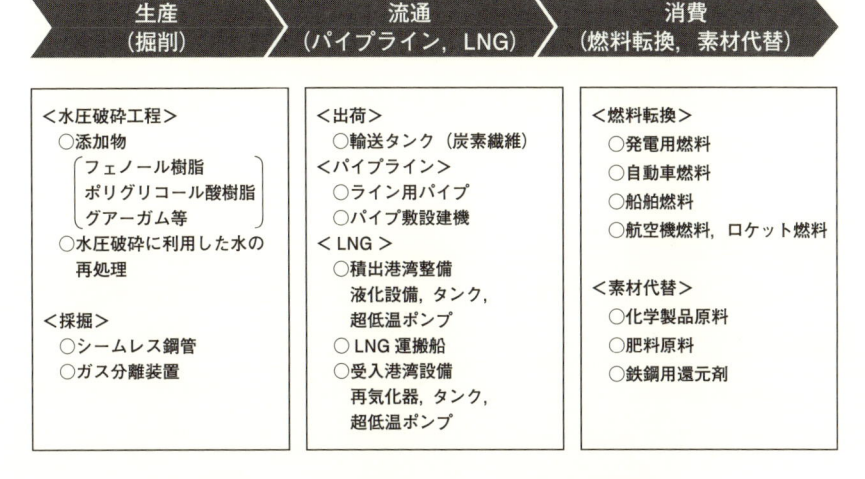

図8　シェールガス・オイル革命の産業影響

3.1　生産領域

　掘削装置の設計では住友精密工業，および神戸製鋼の技術，装置建設では日揮，千代田化工，東洋エンジニアリングの技術の活躍が期待できる。

　掘削用水の処理では三機工業，水ing，日立プラントエンジニアリング，および清水建設の技術，掘削用の機材として新日鉄住金の掘削用の鋼管パイプ，シェールガス・オイルのタンク素材として東レ，帝人，および三菱レイヨンの炭素繊維の用途が期待できる。掘削用の薬剤として大陽日酸の高純度窒素，およびクレハ，三菱ケミカルの薬剤の用途が期待できる。

　掘削現場で使用する日立建機やコマツの大型ブルドーザー，各種ショベル，大型トラック，ブリヂストンの超大型タイヤの用途が期待できる。

3.2 流通領域

輸送用の大型タンカーの素材として古河スカイのアルミ厚板の用途が期待でき，物流の増加で日本郵船のシェールガス・オイル輸送船の増船も期待できる．

3.3 消費領域

日本の発電構成は2012年10月時点で火力発電が90％に達し，発電用の燃料の96％は海外依存しており，昨年6兆円強の貿易赤字の大きな要因でもある．現在，購入している天然ガスの価格は15ドル／100万BTUで，米国の天然ガスの価格は3～4ドル／100万BTUである．東京電力等が米国のシェールガス・オイルを日本に輸入できれば，船で運ぶ費用6ドルを加えても10ドルの廉価な天然ガスを確保できることになる．

また，天然ガスの買い付け交渉でカギを握るのが，他とも交渉中だということを示すことであり，米国との輸入交渉は廉価な天然ガス確保に繋がる．

シェールガス・オイルの権益の確保は表1のように活発になっており，三菱商事，三井物産，住友商事，双日，および豊田通商等がシェールガス・オイルの関係事業に多額出資をしている．

三菱商事は，2010年よりブリティッシュ・コロンビア州のコードバ堆積盆地で天然ガス開発プロジェクトを実施している．生産量は2014年に日量350万トン／年を目標としている．

住友商事は2009年に，日本の商社で初めてシェール権益を獲得し，2012年にも米デュボンから権益を獲得している．

三井物産は2010年に1,400億円という規模で参入し，今後も合計

3 シェールガス・オイル革命で日本の産業界を活性化

表1　シェールガス・オイル関連の商社の状況

買手日本企業	ガス/油	場所	取得権益比率	資産取得額	開発総費用
三菱商事	ガス	カナダ・ブリティッシュコロンビア	50.0%	2.5億加ドル	3兆円
三菱商事	ガス	カナダ・ブリティッシュコロンビア	40.0%	14.5億加ドル	50億加ドル以上
三井物産	ガス	米・ペンシルベニア	15.5%	14億ドル	3～4億ドル
三井物産	ガス	米・テキサス	12.5%	6.8億ドル	12億ドル
丸紅	油	米・コロラド,ワイオミング	30.0%	2.7億ドル	NA
丸紅	油	米・テキサス	35.0%	取引総額13億ドル	NA
伊藤忠商事	油	米・ワイオミング	25.0%	NA	3.9億ドル
伊藤忠商事	ガス	米・テキサス,オクラホマ,ワイオミング等	25.0%	10.4億ドル	NA
住友商事	ガス	米・テキサス	12.5%	0.157億ドル	NA
住友商事	ガス	米・ペンシルベニア	30.0%	1.94億ドル	12億ドル
住友商事	油	米・テキサス	30.0%	13.65億ドル	NA
国際石油開発帝石(82%)/日揮(18%)	ガス	カナダ・ブリティッシュコロンビア	40.0%	7億加ドル	NA
日揮	油	米・テキサス	10.0%	NA	NA
大阪ガス	ガス	米・テキサス	35.0%	2.5億ドル	NA
豊田通商	ガス	カナダ・アルバータ	35.2%	1億加ドル	NA
双日	ガス	米・テキサス	90%（オペレーター）	NA	NA

で最大7,900億ドルの開発を予定している。

　双日は，米国テキサス州において，約1,500バレル/日のシェールガス・オイルを生産している。本年度30億円の投資計画を予定している。

　豊田通商は2013年にカナダ・アルバータ州で7年間で約500億円を投じ開発を進める。

第6章　シェールガス・オイルで日本は躍動する

4　メタンハイドレートの火付け役

　メタンハイドレートはシェールガス・オイルに続くメタンエネルギーであり，新採掘技術が開発されれば日本は一気に「資源大国」に変身できる。日本の未来を考えると，日本の自前エネルギーの確保は地球最後のフロンティア海洋開発にあるといっても過言ではないだろう。

　メタンハイドレートとは，メタンを中心にして周囲を水分子が囲んだ形になっている物質で低温，高圧の状態におかれ結晶化している。海底にシャーベット状のメタンの含んだ氷が埋蔵されている状態である。見た目は氷に似ているが，火をつけると燃えるために燃える氷と言われる。

　静岡県沖，北海道沖，および新潟沖も合わせると，日本近海の総埋蔵量はガス使用量の約100年分に相当する計7.4兆立方メートルと推計されており，日本の新たなエネルギー源として大きな可能性を持つと期待されている。

　独立行政法人石油天然ガス・金属鉱物資源機構（JOGMEC）が，2001年度から08年度までに静岡県から和歌山県の沖合にかけた海域で地震探査・試掘などの調査を実施し，約1.1兆立方メートルのメタンガスに相当する多量のメタンハイドレートが存在していることを確認している。

　2013年3月12日，図9の愛知県・渥美半島の南南東沖合の海底下約330メートルの地層にあるメタンハイドレートを海底からのガス採取に世界で初めて成功した。

　現段階は実験段階ではあるが，経済産業省は2016年までにこれら

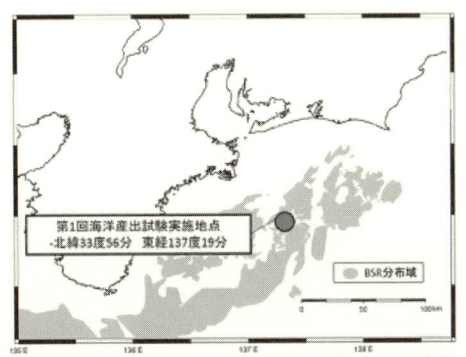

4 メタンハイドレートの火付け役

図9 メタンハイドレートの掘削状況
JOGMEC の HP

のメタンハイドレートの商業化に必要な技術を完成させると発表している。
　現在，採掘技術が確立されていない上，大幅なコスト削減による採算性アップが不可欠で，環境への影響も未知数で，乗り越えるべき課題は多いが，今，日本の国富を全面的に投入すべき分野である。

第7章 シェールガス・オイルの輝ける未来

1 はじめに

　伊予の国で育ち40年にわたり世界の多くの石油人から多くのことを学んだ一人の石油人として，今，世界で吹き荒れているシェールガス・オイル革命は世界の資源地図を大きく変える可能性を秘めた魅力あるエネルギーであると確信できる。

　まさに筆者の郷土の伊予を舞台とした小説「坂の上の雲」を彷彿させるごとく，まこと小さな国がシェール革命のうねりに漂っており，この時代人としての体質で，前をのみ見つめながら歩き，のぼってゆく坂の上の青い天にもし一朶の白い雲が輝いているとすれば，それのみをみつめて坂をのぼってゆくであろう。

　主人公は伊予の気質の中で生まれ育った3人で，秋山真之は日露戦争で勝利は不可能に近いと言われたバルチック艦隊を破り，兄の秋山好古は，史上最強の騎兵といわれるコサック師団を破るという奇跡を遂げた。もう一人は，俳句短歌に新風を入れて近代俳句の中興の祖となった正岡子規である。質実剛健の伊予の風土で生まれたIHテクノロジー㈱（http://www.ih-tec.com）が伊予の国立大学愛媛大学八尋秀典教授（http://www.ehime-u.ac.jp/~achem）と協力しながら，世界で巻き起こっているシェールガス・オイル革命に果敢に挑戦する触媒反応の研究の愚直な姿を見ると，伊予の若いもんなかなかやるわい，いや，この国の若いもん皆がなかなかやるわいとの心境である。

第7章　シェールガス・オイルの輝ける未来

　さて，シェールガス・オイルは，頁岩と呼ばれる固い岩層に含まれる天然ガスと原油で，5億3,000万年前のカンブリアの生命の爆発と呼ばれる生物界の激変で地球上の海や湖で繁殖したプランクトンや藻等の生物体の死骸が土砂とともに水底に堆積したエネルギーである。化石化した死骸が地殻の熱，圧力等の作用を受けて頁岩の中で数億年の年月を経て熟成された地球の財産である。

2　掘削技術

　1998年ごろまでは頁岩からシェールガス・オイルを生産することは経済的に困難であったが，水平掘削の技術が開発され数千メートルの水平井戸を掘削することが可能となり，さらにこの水平井戸に水圧破砕の技術で網目状経路を掘削することが可能となった。この二つの掘削技術に米国のお家芸であるIT技術を融合させて完成させたモンスターの新掘削技術で，米国では2005年ごろから多量に廉価なシェールガス・オイルがエネルギー市場に彗星のごとく登場してきた。

　水平掘削は油層内を水平に掘削することで原油や天然ガスを効率的に回収する既存の技術がシェールガス・オイルの掘削用に改良された技術である。

　水圧破砕とは超高圧の水を水平井戸に押し込むことによって地層内に亀裂を作る技術である。その亀裂を通じてシェールガス・オイルは地上に産出される。水圧破砕はシェールガス・オイルの産出には不可欠な技術であり，この技術が開発されていないと今日のシェールガス・オイル革命は起こりえなかった。

水平掘削，水圧破砕，およびIT技術の三つの要素技術の組み合わせは重要な要素であるが，実際に経済性をもってシェールガス・オイルを生産できるわけではない．それには，シェールガス・オイルを地下から生産する現場の技術を習得する必要がある．すなわち，地下に眠る資源量を可採埋蔵量に変え得る緻密な知恵が必要である．

3 シェールガス・オイルの未来

3.1 エネルギー分野

シェールガスが2009年に天然ガスの市場に流入したことで市場の流動性が国際的に高まり，既存の市場バランスが崩れ，国家間あるいは地域間において市場間競争が顕在化した．

シェールガスの出現は米国に限らず，欧州，南米や中国など遅かれ早かれ市場に供給されてくる．シェールガスと天然ガスの供給力，および熾烈な価格競争で，ロシアの天然ガス販売戦略，および中東の天然ガス販売に大幅な変更の可能性がある．日本をはじめとして中国，インド等の東南アジアや南米の需給国の動向等，これらを含め多くの要素が複雑に作用し合って世界的な開放市場へと構造的に変容していく可能性が高い．一方，シェールオイルはいまだ市場開発競争が顕在化していないが，近い将来顕在化する可能性が高い．

日本では2011年に東日本大震災による福島第一原子力発電所事故の発生によって，原子力発電所の再稼働の是非などが焦点となり，今後の原発政策をどうしていくのかという議論が政府や国民の間で大きく論じられている．当面の発電を賄うために重油，天然ガス，および石炭を使用した火力発電が稼動している．

試算では 2011 年 2 月の重油価格 77 円／リットル，全原発を石油火力発電所で置き換えた場合の重油使用量を 647 億リットルとして，掛算すると 647 億リットル× 77 円≒ 5 兆円の燃料費が必要となる。実際の燃料使用比率は天然ガス 40％，石炭 40％，石油等 20％であるため，5 兆円をはるかに超えており，この燃料費の削減が日本の急務となっている。特に日本が購入している天然ガスの価格は約 17 ドル／百万 BTU で米国の約 3 ドル／百万 BTU に比べると 5 倍強の価格となっている。現在のシェールガスの価格は日本にとって非常に魅力的であり，日本への輸入が実現し，火力発電の発電コストが削減される日は近い。

3.2 原料分野

石油化学業界は装置産業の総本山であり，巨額の設備投資が必要で，原料の天然ガスが多量に必要となる他，プラントを建設・運転・保守する技術も必要である。今後の石油化学の主役は，国際化学会社や国際石油会社，中国やインドのように自国内に大きな需要を持つ国，あるいはサウジアラビアに代表される中東産油国のように原料となる石油や天然ガスを多量保有する国となってくる。

米国では廉価な原料であるシェールガスを確保することで石油化学業界が巨大な力を持ち，石油化学の原料となる天然ガス価格の低下により世界の石油化学業界に影響が出始め，米国では原料価格の低下で石油化学業界は大型装置の建設ラッシュである。

ダウはテキサス州フリーポートで 150 万トン／年のエチレン製造設備を 2017 年に稼働予定，エクソンモービル，シェブロン・フィリップス・ケミカルもテキサス州で稼動予定，ロイヤル・ダッチ・シェル

はペンシルベニア州で，大規模なエチレン設備を稼動予定である。

　一方，米国の石油化学業界の動向を踏まえ，住友化学は2015年に千葉県の年産38万トンのエチレンプラントを停止し，サウジアラビアのラービグプラント，シンガポールのシンガポール石油化学プラントでの生産体制を計画している。

　三菱化学は2013年に茨城県の年産36万トンの第一鹿島エチレンプラントを停止し，第二鹿島エチレンプラントを2013年に年産5万トンの装置能力増強を計画している。プロピレンについては年産15万トンの増産を計画している。

　三井化学は2013年に千葉県のプロピレン，および年産10万トンのエチレンプラントが停止予定であり，大阪工場では2012年に年産14万トンのプロピレンに増産している。日本国内の石油化学業界は世界で競争できる独自技術で製造する特殊製品の領域に特化されると思われる。日本の石油化学産業はシェールガスを視野に入れたグローバル戦略を加速的に進めることで，日本らしい石化コンビナートの再構築が求められている。

　GTL（F-T油）は天然ガスから液体燃料を合成する方法であり，現在，南アフリカではサソール社，カタールではカタール石油社，およびマレーシアではシェール石油社が商業装置を稼動させているが，世界での本格的普及を妨げている最大の要因は原料である天然ガス価格が高いことである。既存の天然ガスでは価格低減に限界があったが，廉価なシェールガスが市場を席巻すると，合成燃料の経済性が一気に高まり，合成燃料が普及する可能性が高くなってきた。

　日本では国際石油開発，JX日鉱日石エネルギー，石油資源開発，コスモ石油，新日鉄エンジニアリング，千代田化工建設の6社が開発

第7章　シェールガス・オイルの輝ける未来

した炭酸ガスを含む天然ガスをそのまま利用することが可能な世界初となる GTL の画期的な技術を開発した。世界のシェールガスの生産地域に本技術を普及させることも夢でなくなった。

3.3　日本の産業界を活性化

　シェールガス・オイルの世界での本格的開発にともない日本企業の技術が役立つ場面が一気に増加しそうである。生産領域では掘削装置の設計，装置建設，掘削用水の処理，掘削用の機材，および掘削用の薬剤の多くの企業の活躍が期待できる。掘削現場で使用する大型ブルドーザー，各種ショベル，大型トラック等で超大型タイヤの用途が期待できる。流通領域では輸送用の大型タンカーのアルミニウム素材の用途が期待できる。

　現在，環境に優しい国づくりの主役の水素を廉価で多量に製造する方法が見出せない状態であったが，廉価なシェールガス・オイルが多量に手に入ると，廉価な水素製造も夢でなくなり，環境に優しい未来都市の建設に加速度がつくことになる。未来都市の構築の推進役として分散型発電の家庭用燃料電池，および環境負荷低減の燃料電池自動車の本格的普及が現実となってきた。

　メタンハイドレートはシェールガス・オイルに続くメタンエネルギーであり，新採掘技術が開発されれば日本は一気に「資源大国」に変身できる。日本の未来を考えると，日本の自前エネルギーの確保は地球最後のフロンティア海洋開発にあるといっても過言ではない。米国のシェールガス・オイルのシェールラッシュに触発されて，日本も資源大国を目指して官民上げてのハイドレートラッシュが勃発しそうである。

4　まとめ

　産油国の中東諸国でよく聞く話として，爺さんは駱駝で砂漠を旅して，親父は石油で膨大な富を得た（図1），息子は高級車で走り，孫は駱駝で砂漠を旅する。まさに世界のエネルギーの未来を予言している言葉であり，中東諸国が100年あまりエネルギーの主役を演じた時代の終焉がシェール革命で現実性を帯びてきた。

　シェールガス・オイルのうねりは，米国から瞬く間に世界に伝播し，日本の経済に躍動を与えるうねりとなっている。このようにシェールガス・オイルが日本社会を大きく躍動させることになる。今，まさに，米国が発振地となった「シェールガス・オイル革命」が世界のエネルギー市場を疾風のごとく席巻している。

図1 富の象徴のドバイ市内
筆者撮影

第7章　シェールガス・オイルの輝ける未来

図2　凛とした国の象徴，富士山

　シェールガス・オイル革命は世界の資源地図を大きく変える可能性を秘めた魅力あるエネルギーであるが，埋蔵量の詳細探索，および環境問題等の課題が潜んでいる可能性もある。
　しかし，今は，この新技術動向を暖かく見守ることが寛容である。世界のエネルギーは19世紀が石炭，20世紀が石油，21世紀はシェールガス・オイルに激変している。
　シェールガス・オイルの出現で世界の100年先のエネルギーは見えてきたが，今こそ先人達の多くの経験的な知恵と若い人の新鮮な知恵を結集して，まずは日本の未来のためシェールガス・オイルの恩恵にあずかり，図2のように凛とした日本の繁栄を取り戻そう。

あとがき

　日本全体でシェールガス・オイルの話題が沸騰しているさなかで本書を執筆していることは光栄であります。執筆に多くの最新情報を参考としているものの，日々のシェールガス・オイルに係わる情報の変化があまりにも激しいため，今日の情報が明日には陳腐化する状態であることを危惧しています。

　安倍晋三首相は平成25年2月22日午後（日本時間23日午前），オバマ大統領との首脳会談で，米国で開発が進むシェールガス・オイルの日本向け輸出について早期に承認されるよう要請しました。大統領は同盟国の重要性は常に念頭に置いていると応じたとの報道が流れています。日本に廉価なエネルギーとしてシェールガス・オイルが輸入されると，経済向上の起爆剤になり，アベノミクスの経済政策の好調ぶりはさらに加速度を増してきます。

　戦前の旧満州国で日本のシェールガス・オイルの研究開発の様子を実父から聞き，100年ほど前に隣国で世界の最先端の研究開発が行われていたことに驚きました。実父は大東亜戦争で中華民国派遣軍の通信兵として5年間の従軍で約6,000kmの征路を経験しています。終戦復員により，住友共同電力㈱に復職し，昭和53年同社を定年退職後，地元企業工場の電気主任技師として20年あまり従事し，93歳の現在でも日本電気協会の会員として電気エネルギーや環境整備の情勢について知識を求めています。

　写真は日本の現役最年長発電技師として自宅の茶室にオマーンの要

オマーン要人を招待したお茶会（前列左実父、後列左実母）

人を招いてのお茶席の様子です。また，実父は約70年にわたる電気技師の経験から，2050年ごろまでは発電用燃料としてシェールガス・オイルの活躍が期待でき，さらなる将来には原子力の活用も視野に入れた時代を予想しています。

　本書の出版に当たり，石油連盟総務部長浜林郁郎氏，石油学会理事原川通治氏，山内石油㈱社長山内章正氏，石油資源開発㈱副本部長横井悟氏，㈱テクノバ大場紀章博士，太陽石油㈱総務部長中山信二氏，楠橋紋織㈱取締役楠橋功氏，四国溶材㈱常務取締役渡部峰夫氏，㈱ブロードリンク取締役藪野昌彦氏，JX日鉱日石リサーチ㈱技術調査部副部長井上路朗氏，マネージャー財部明郎氏，垣見油化㈱専務取締役垣見裕司氏，今治市立富田小学校教頭村上圭司先生，海外ではペンシルバニア州立大学教授宋春山先生，シェブロンテキサコ社佐藤大助

氏，台湾経済部科長郭肇中博士，DC グラス社㈱社長蔡益廷氏に多大なご指導を頂いたことに厚くお礼申し上げます。

　市政のエネルギー政策でご活躍の石川勝行新居浜市長，菅良二今治市長，加藤明前今治市会議長，県政のエネルギー政策でご活躍の中村時広愛媛知事，および郷土出身で国政のエネルギー政策でご活躍の衆議院白石徹議員に敬意を表するものであります。

　本書の執筆にあたり全日空便の成田-バンコク-アブダビ機上での世界の名酒と懐石料理のお持てなし，気晴らしに出かける千葉県八千代市の高津ゴルフ練習場の鈴木修社長，善憲之プロ，筆者の毎週の放送番組の制作を担当しています今治コミュニティ放送㈱社長黒田周子氏，すばらしい洋食の星のなる木とクルーズ・クルーズに感謝致します。

　最後に先年父親がご指導を頂いた経済産業省資源エネルギー庁長官高原一郎氏に本書を謹呈できることを光栄に思います。

以上

参考文献

まえがき

- 東北電力株式会社のホームページ,「電気と科学のひろば」より
- 四国 FC 会のホームページより,2004 年 4 月設立,会長幾島賢治
- 勝山郷土研究会のホームページより,福井県勝山市,「平成 20 年度 子どもゆめ基金交付,独立行政法人 国立青少年教育振興機構
- 渡文明,「未来を拓くクール・エネルギー革命」,PHP 研究所,2012 年 2 月
- 百田尚樹,「海賊と呼ばれた男」,講談社,2013 年 4 月

第 1 章

- 一般財団法人 日本エネルギー経済研究所 石油情報センターのホームページより
- 石油資源開発株式会社のホームページより
- 一般社団法人 映像情報メディア学会ホームページより
- 米国エネルギー省のホームページより
- 週刊東洋経済,「シェール革命で日本は激変する」32 − 67 (2)2013
- 市原路子,JOGMEC,「石油・天然ガス資源情報」12 (46)2012
- 福田佳之,東レ経営研究所「TBR 産業経済の論点」(10)2012
- 四国 FC 会ホームページより

第 2 章

- 桜井紘一,独立法人 石油天然ガス・金属鉱物資源機構,「石油天然ガスレビュー」4 (40)2006

- 独立行政法人 理化学研究所ホームページより
- 財団法人 満鉄会ホームページより
- 内田俊春, 一般社団法人 日本鉄鋼協会,「鉄と鋼」, 775 (7) 1985

第3章

- ハリバートン社のホームページより
- ベーカーヒューズ社のホームページより
- シュルンベルジュ社のホームページより
- 一般財団法人 石油エネルギー技術センターのホームページより
- ニューヨーク州環境保護局のホームページより
- 米国環境保護庁のホームページより
- 伊原賢, 独立行政法人 石油・金属鉱物資源機構,「石油・天然ガス資源情報」3 (2010)
- 石油資源開発株式会社のホームページより
- 清水建設株式会社のホームページより
- 太陽石油株式会社のホームページより
- 一般財団法人 国際石油交流センターのホームページより
- ペンシルバニア州立大学のホームページより
- シェブロンテキサコ社のホームページより
- 台湾経済部のホームページより
- DCグラス社株式会社のホームページより

第4章

- 公益社団法人 石油学会のホームページより
- 石油連盟のホームページより

- 経済産業省のホームページより
- 一般財団法人 日本エネルギー経済研究所のホームページより
- 台湾経済部のホームページより

第5章

- JX日鉱日石エネルギー株式会社のホームページより
- 石油化学工業協会のホームページより
- 幾島貞一,「ニューエネルギーの技術と市場展望」, シーエムシー出版, 2012年8月

第6章

- 幾島嘉浩, 幾島將貴, 山口修平, 八尋秀典, 石油学会論文誌, 371 (6) 2012
- 三菱商事株式会社のホームページより
- 住友商事株式会社のホームページより
- 三井物産株式会社のホームページより
- 双日株式会社のホームページより
- 豊田通商株式会社のホームページより

第7章

- IHテクノロジー株式会社のホームページより
- 愛媛大学のホームページより
- 楠橋紋織株式会社のホームページより
- 山内石油株式会社のホームページより
- 四国溶材株式会社のホームページより

あとがき

- 石油産業誌,「明日のエコより今日のエコ」80（1）2013
- 愛媛県のホームページより
- 新居浜市のホームページより
- 今治市のホームページより
- 株式会社ブロードリンクのホームページより
- 今治市立富田小学校のホームページより
- 今治コミュニティ放送株式会社のホームページより
- 全日本空輸株式会社のホームページより
- ジャイアント・マニュファクチャリング（捷安特）のホームページより

シェールガス・オイルの輝ける未来 (B1066)

2013年6月21日　第1刷発行

著　者　幾島賢治
発行者　辻　賢司
発行所　株式会社シーエムシー出版
　　　　東京都千代田区内神田1-13-1
　　　　電話 03(3293)2061
　　　　大阪市中央区内平野町1-3-12
　　　　電話 06(4794)8234
　　　　http://www.cmcbooks.co.jp/
カバーデザイン　柳瀬ひな
印刷・製本　倉敷印刷株式会社

Ⓒ K. Ikushima, 2013 Printed in Japan
ISBN978-4-7813-0806-7　C3050

本書の定価はカバーに表示してあります。
落丁本・乱丁本はお取替えいたします。

本書の内容の一部あるいは全部を無断で複写(コピー)することは、法律で認められた場合を除き、著作者および出版社の権利の侵害となります。